U0029107

野菇外觀特徵常見用語圖解

◆部位名稱

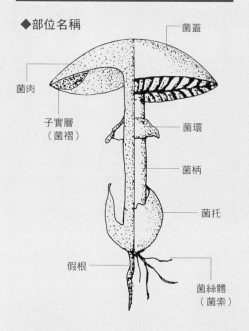

菌蓋

菌肉

子實層
（菌褶）

菌環

菌柄

菌托

假根

菌絲體
（菌索）

◆菌蓋表面

光滑　　　　環紋　　　　皺紋

角鱗（翹鱗）　纖維絲條　　毛鱗

塊鱗　　　　粉末狀　　　絨毛（纖毛）

龜裂紋　　　顆粒結晶（小疣）

◆菌蓋形狀

平展　　半球形　　中凹形　　漏斗形
（杯形）

中臍形　中凸形　鐘形（圓錐形）　腎形
（匙形）

扇形（貝殼形）　半圓形　吊鐘形　重瓣形

舌形　　扁球形　　馬蹄形　珊瑚形

◆蓋緣

條紋

溝紋

殘膜

角裂殘膜

波浪狀

◆菌褶排列方式

疏　　有小褶
有橫脈　有分叉　密

◆褶緣

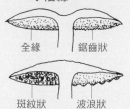

全緣　鋸齒狀
斑紋狀　波浪狀

◆菌褶著生方式

離生

直生

彎生（凹生）

延生

◆非褶狀的子實層形態

孔狀　　　齒針狀

褶稜狀　　平滑狀

◆菌環形狀

膜質下垂　　膜質上舉

膜質可移　　絲膜狀

◆菌柄表面

平滑　腺點　網紋　角鱗（翹鱗）

縱紋　纖維絲條　粉末狀　毛鱗

◆菌柄著生方式

中生　偏生　側生　無柄

◆菌托形狀

球莖狀　環形鱗片狀　花苞狀　粉末狀　角鱗狀（翹鱗狀）

◆菌柄形狀

圓柱形　紡錘形　筒形

假根形　中實　中空

野菇
觀察入門
Guide of Mushrooms

張東柱、周文能◆著

黃崑謀◆繪　台灣館◆製作

遠流出版公司

目錄

16 認識篇

44 相遇篇

58 觀察篇

是文明也是享受

誰能長得大、又活得老？這世界之最竟然是長在美國奧立岡州的一株真菌。2600年前它是一粒小孢子，在土壤裡萌發的菌絲不斷輻射生長，現在它的身軀已有900公頃大，是數百噸重的龐然巨物了。真菌是誕生來腐敗這世界的，菌絲分泌出消化酶分解了周遭的有機大分子，再吸收回體內。它們旺盛的生命活動讓這世界的屍體不會堆積，讓物質在生命與非生命界間流轉循環。

真菌是生態系的重要成員，然而我們對它的認識太有限了。地球上可能有150萬種真菌，但是現在只有10萬種有名字。走在林子裡，隨手摘下腐木上的一朵菇，有不少可能就是個新種。人們所謂的菇其實是真菌的子實體，它們的色彩形狀變化多端，多數是可賞又可食，不過要能鑑定它們可是個大學問。

40年前，我曾數次到宜蘭員山鄉的深山探訪水苔沼澤。若問我看過的景致哪裡最迷人？這片沼澤邊的夜光森林是毫不遲疑的首選。入夜後，宿營的整個林子裡發出片片幽光，帶給視覺上的震撼是無以比擬的。演出的主角就是真菌，它的發光菌絲爬滿了潮濕腐敗的落葉，林地上厚厚的腐葉、枝椏也卡了一些，還有正隨風飄落的，絢目的螢光就這麼動態的在黑夜流幻著。多年過去了，山徑已毀，去路難尋，我也並非真菌專家，因此至今仍不知這發光真菌的名字。

多識鳥獸草木之名，是文明也是享受，但得有專家的指引。我們何其有幸，台灣的野菇物種豐富，而專家們又肯入世為大眾編撰科普圖文書籍，和大家分享他們的知識和精采的圖像。期盼不久的將來，我們也會有個賞菇俱樂部，那將是文明社會真正的表徵。

李家維

清大生命科學系教授．科學人雜誌總編輯

從野菇看天下

看到遠流出版的《野菇觀察入門》與《野菇圖鑑》，不禁想起1990年代前後，我開始協助主婦聯盟推動自然步道，在社區之中紮根生態的思想，爾後逐漸蘊釀自然步道協會的成立等種種歷程。1990年代，台灣有許多保育團體投入了生態教育的行列，而在出版界則有遠流在1989年成立台灣館，開始出版一系列有關台灣的書籍，如深度旅遊手冊以及觀察家系列的各種入門、圖鑑、事典與博物誌等書，《野菇觀察入門》與《野菇圖鑑》也正是此出版計畫的一部分。這些書籍不僅扶持伴隨著「台灣」茁壯，也讓我們更加認識台灣多樣的生態。

野菇可說是體型較大的真菌，在真菌世界中肉眼可見、體型較大的真菌其實僅佔全部真菌的極小比例，大部分的真菌都是肉眼看不到的，它們以菌絲形態生活在各種環境的各個角落。雖然看不到，可是它們卻扮演著極為重要的角色，讓死亡生物的有機物質重新分解，讓存活的生物得以再利用這些物質維持生命，人類也因而直接或間接得到好處。今天的社會喜歡用經濟效益評估事物，然而如果自然界沒有像真菌這樣不需支領任何酬勞的清道夫，單是堆積如山的有機物屍體，及由其所衍生出的問題，人類可能就窮於應付了。所以《野菇觀察入門》和《野菇圖鑑》二書的出版，不僅可以讓我們獲得大型真菌的相關背景知識，更能帶領我們悠遊野菇的世界，讓周遭事物變得更多采多姿。

有人說台灣沒有什麼資源，乍看之下似乎如此。沒有豐富的油田，也沒有厚層的礦床，可是台灣擁有多樣的生態資源，卻是個不爭的事實，例如舉世皆知台灣是個樟樹王國、蝴蝶王國，而這些只是多樣性中的一小部分而已，要山有山、要海有海，小小的面積卻擁有如此多樣的生態環境變化，更是台灣傲人的生態特色。此外，歷經上萬年來所累積的生活智慧與近代的教育水準不斷提升，目前的台灣已然站穩腳步，準備透過生態旅遊來擁抱世界。國人目前除了透過對各類生物的了解豐富個人的旅遊深度外，與自然界相融的優質住宿空間及其鄰近環境的生態導覽行程也正蓬勃發展中，在這當中具有豐富生態知識的導覽員當然是生態旅遊的靈魂人物，而介紹台灣生態的各種科普讀物則是不可或缺的基石，每一本書都是許多學者、專家的心血結晶，也因此奠基於此的生態旅遊應是一種全民運動，將來則是生活的一部分，也是國民應享有的福利，如果我們可以從此一角度觀看《野菇觀察入門》與《野菇圖鑑》的出版，也許能看得更為宏觀！

植物學者・台灣生態旅遊協會理事長

圖錄

以下八頁，展列觀察篇所介紹的台灣常見五大類三十六科野菇代表種之圖繪，只要按照頁碼查索，詳讀內文，即可大致掌握該科野菇的重要特徵、生態習性與有趣的相關知識。

褶菌類

■蠟傘科⋯⋯⋯見60頁

■鵝膏科⋯⋯⋯見70頁

■口蘑科⋯⋯⋯見64頁

■粉褶菌科⋯⋯⋯見74頁

■光柄菇科⋯⋯⋯見78頁

■環柄菇科⋯⋯⋯見82頁

■傘菌科⋯⋯⋯見86頁

■鬼傘科⋯⋯⋯見90頁

■糞傘科⋯⋯⋯見94頁

■球蓋菇科·········見98頁

■側耳科·········見110頁

■絲膜菌科·········見102頁

■紅菇科·········見106頁

■裂褶菌科·········見114頁

非褶菌類

■靈芝科 ········· 見120頁

■牛肝菌科 ········· 見116頁

■齒菌科 ········· 見130頁

■多孔菌科 ········· 見124頁

■皮革菌科………見134頁

■柄杯菌科………見138頁

■雞油菌科………見146頁

■刺革菌科………見140頁

■鳥巢菌科 ⋯⋯⋯ 見158頁

■珊瑚菌科 ⋯⋯⋯ 見150頁

■馬勃科 ⋯⋯⋯ 見162頁

■革菌科 ⋯⋯⋯ 見154頁

■硬皮馬勃科 ⋯⋯⋯ 見166頁

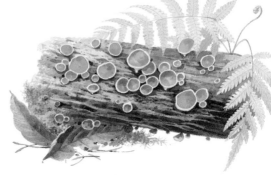

■柔膜菌科………見178頁

■鬼筆科………見170頁

■核盤菌科………見180頁

膠質菌類

■木耳科………見174頁

■火絲菌科………見182頁

■肉杯菌科⋯⋯⋯見184頁

■炭角菌科⋯⋯⋯見188頁

■馬鞍菌科⋯⋯⋯見186頁

■麥角菌科⋯⋯⋯見190頁

如何使用本書

《野菇觀察入門》是一本認識菇類（大型真菌）的圖解入門書。全書主要分為認識篇、相遇篇、觀察篇與附錄四個部分：認識篇綜論菇類的基本概念；相遇篇探討菇類生長習性與環境的關聯性，並提供賞菇時機及台灣菇類分布的相關資訊；本書的重點是觀察篇，其中以深入淺出的菇類生態圖解，呈現常見五大類三十六科菇類的典型樣貌，提供讀者外觀辨識的要點，並詳述該科菇類獨特的生態習性、相關應用，以及其他有趣的事物。最後，附錄則提供了野外實地觀察、微細特徵觀察的行動指南，以及如何避免誤食毒菇等實用建議。

建議讀者可以先閱讀認識篇與相遇篇，對菇類有初步的認識後，再進入觀察篇各章，此時如能配合現場對照與圖鑑的使用，當更能對台灣現生各科菇類的特色有進一步的了解。

1 閱讀認識篇與相遇篇，了解菇類的相關背景知識，並熟悉常用的專有名詞。

2 從6~13頁的圖錄查索最有興趣認識的科別，至觀察篇詳閱該科完整介紹，並可同時配合現場觀察與圖鑑之使用。

●小檔案：列舉該科正式的分類地位（含中、英文科名）、全世界及台灣包含的屬種數，以及全世界及台灣分布的情形。

●主文：該科主要特徵與生態習性之概述。

●延伸知識：歸納整理該科各種有趣的背景與延伸知識，包含生態、演化、生活應用等面向。

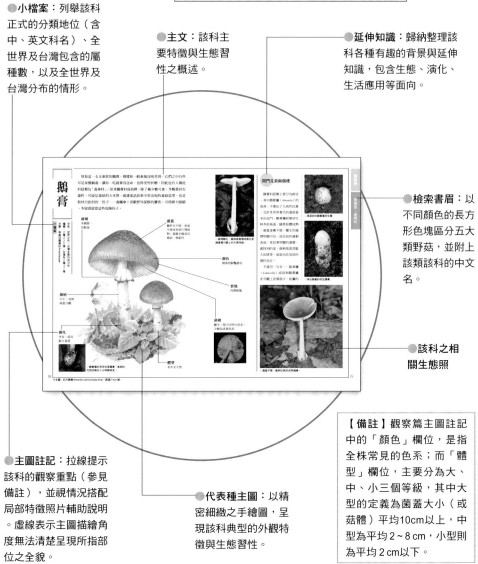

●檢索書眉：以不同顏色的長方形色塊區分五大類野菇，並附上該類該科的中文名。

●該科之相關生態照

●主圖註記：拉線提示該科的觀察重點（參見備註），並視情況搭配局部特徵照片輔助說明。虛線表示主圖描繪角度無法清楚呈現所指部位之全貌。

●代表種主圖：以精密細緻之手繪圖，呈現該科典型的外觀特徵與生態習性。

【備註】觀察篇主圖註記中的「顏色」欄位，是指全株常見的色系；而「體型」欄位，主要分為大、中、小三個等級，其中大型的定義為菌蓋大小（或菇體）平均10cm以上，中型為平均2~8cm，小型則為平均2cm以下。

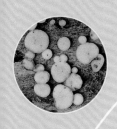

認識篇

菇是什麼？

是植物？還是動物？

起源於何處？家族成員有多少？

奇妙而獨特的永生樣態如何展現？

微小角色如何擔負地球清道夫的大責任？

與人類有什麼愛恨情仇的因緣？

本篇試圖解開菇類的種種謎團，

呈現既真實又不可思議的菇世界。

什麼是菇

許多人都以為菇是植物，其實非也！雖然菇類和植物一樣不會走動，但卻沒有植物能營光合作用的葉綠素，因此不是植物一族。事實上，它們和發霉麵包上的黴菌及有益身體的酵母菌親緣更近些，分類學家將其統歸為「真菌」界，而菇類因體型明顯易見，所以又被稱為「大型真菌」。

菇的特徵

一般人對於菇類的印象通常有：「像一把雨傘」、「長在濕暗的地方」、「神出鬼沒」、「質地有硬有軟」等等。其實菇類的外觀變化萬千，生長習性也相當多樣，要認識它們，首先就從菇類有別於動物或植物，而獨立於真菌界的五大重要特徵開始吧！

特徵1 不斷生長的菌絲

顯微鏡下的菇類，就像身上穿的衣物，有著許多纖維絲條交錯盤繞，這些可不是它們吐的絲，而是所有真菌生物共同的基本構造——菌絲（hypha）。只要養分和環境條件適合，這些菌絲便能綿延不斷生長，擴展野菇王國的疆土。

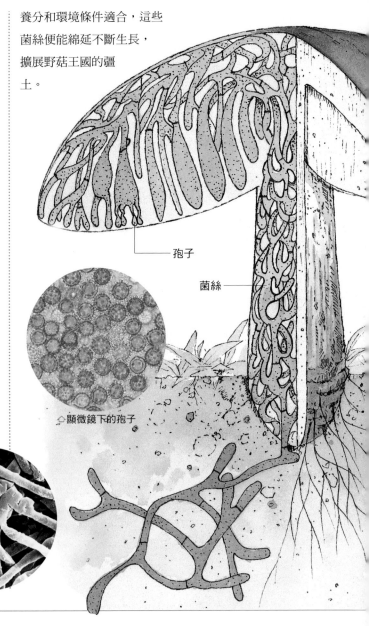

孢子

菌絲

◇顯微鏡下的孢子

◇顯微鏡下的菌絲

特徵2 傳宗接代的孢子

大雨過後，原本光禿的綠地或腐木上，冒出了一個個模樣可愛的野菇，到底這群不速之客來自何方？古希臘人和羅馬人，流傳著野菇是因有機物分解或雷擊後的產物之說法，一直到十八世紀初期，人們

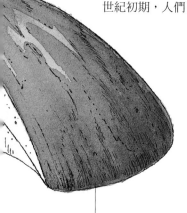

子實體

◁ 以分解腐木維生的黏小奧德蘑

才解開野菇成長的謎團，知道原來這些菇類都是藉由孢子繁衍而來，因此和苔蘚、蕨類這些低等植物同屬所謂的孢子生物。

特徵3 孕育生命的子實體

一般人看到的菇類，其實是所謂的「子實體」（fruiting body，或稱菇體），它們就像開花植物的花器或人類的子宮，屬於特化的生殖構造，主要的功能是用來孕育孢子、繁衍後代。而菇體的形成（俗稱發菇或出菇），也是讓菇類被歸為「高等真菌」、「大型真菌」的重要依據。只不過一般人常會將子實體等同於菇類的全部，殊不知大多數時間，這些野菇都是以無數菌絲聚合形成的菌絲體埋藏於土裡或腐木中，等到環境條件適合，才會「發菇」，所以子實體在野菇一生中，只佔了一小段時期而已！

特徵4 寄人籬下的宿命

菇類不像植物具有葉綠體，可行光合作用自我謀生，因而注定寄人籬下的宿命，它們在整個生態系中扮演「分解者」的角色，生長的基質相當多樣，從腐木、土壤、糞便、枯枝落葉或是動物的屍體都有。它們靠著分泌至體外的消化酶，將生長基質在體外進行分解消化，再吸收所需的養分至體內，而且在這個過程中，將一些所謂的「大地垃圾」分解清理乾淨，所以封它們為大自然最盡責的清道夫也不為過。

特徵5 長生不老的生命

一般人看到菇體乾枯消失，就以為這個生物死亡了，其實菇體完成傳宗接代的任務後，雖也如花朵凋謝般消失，不過巨觀來看，只要環境允許，埋藏於生長基質中的菌絲，仍可以不斷生長與複製。此外，即使條件不佳，菌絲也只是進入「休眠」狀態，一旦新的養分加入，或移入新的環境，又會「甦醒」。所以，相對於高等生物的生命樣態，菇類的生命可說是永無止盡的。

野菇萬花筒

如果說「開花植物」是植物界最耀眼的明星，那麼「野菇」也可說是真菌界最引人注目的主角了。這群獨特的生物，模樣琳瑯滿目，初次走入野菇世界，就像窺看萬花筒般，總讓人讚嘆不已！現在讓我們開始轉動這支神奇的野菇萬花筒，仔細領略野菇帶來的各種大驚奇！

變化多端的造型

「小雨傘」大概是形容野菇最常用的比喻，其實，野菇成員可不只如此，圓的、扁的，高的、矮的、胖的、瘦的，甚至珊瑚狀、鳥巢狀、羊肚狀……，變化多端的造型，若有機會一字排開，保證讓你眼界大開。

七彩幻化的顏色

野菇的顏色並非像餐桌上的食用菇，僅白或黃褐色，顯得有些單調。就像植物界裡的開花植物，經常為大地增添繽紛的色彩，野菇們其實也常是森林或草地間幽靜角落的美麗傳奇，紅、橙、黃、綠、藍、靛、紫……，如同彩虹般各種不可思議的色彩魔法，讓人不禁要讚嘆造物主的神奇。

比例懸殊的菇體

野菇和其他生物相比，個頭不算太大，平均的菇體大小約在2～10公分之內。不過若把目前發現最大的菇類——寬達數公尺的一種多孔菌，與小到眼睛幾乎看不見的子囊菌擺在一起，就好像小巫見大巫一般。在台灣的最小野菇尚無定論，不過若是說到最大的野菇，口蘑科的巨大口蘑可真是名副其實，它的菌蓋不僅達30公分寬，菌柄更可達90公分高呢。

◁ 有些菇類的菌蓋大過手掌

菇的家族

菇的家族有多大？又是怎麼分門別類？目前已知真菌界的物種數目將近10萬種，而其中大型真菌約佔1萬種。真菌學者面對這麼龐大的野菇成員，有著許多不同的分類系統，本書則選用傳統的分類方法，將野菇分為兩大群（擔子菌、子囊菌）五大類（褶菌、非褶菌、腹菌、膠質菌、子囊菌），讓一般人較易依循，得以進入這個奇妙而獨特的野菇世界。

兩大群五大類

菇類依有性孢子的類別，可以分為兩大群。第一大群是「子囊菌」，我們統稱為子囊菌類，此群的菇體多小型，不過數量上卻是已知真菌中最大的一群。其有性孢子主要生長在子囊（asca）內，稱之為子囊孢子（ascospores），而子囊著生的構造則稱為子囊果（ascocarp），日常生活中熟知的冬蟲夏草便屬此類。

△子囊菌的有性孢子包覆於子囊內，因而得名。

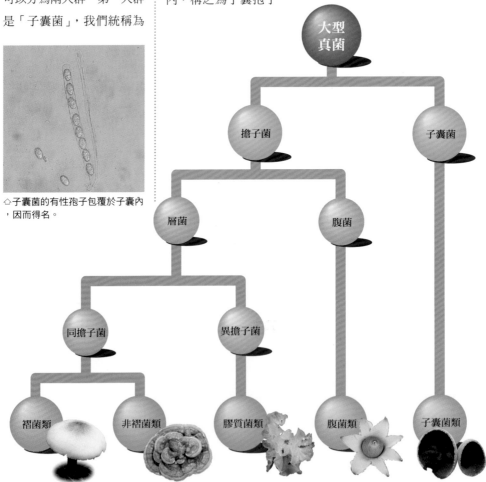

大型真菌

擔子菌 ── 子囊菌

層菌 ── 腹菌

同擔子菌 ── 異擔子菌

褶菌類 非褶菌類 膠質菌類 腹菌類 子囊菌類

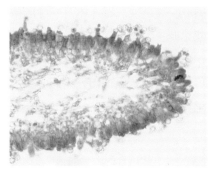

◁ 擔子菌的子實層上密生孕育孢子的擔子結構

，稱之為擔孢子（basidiospores），而擔子則常聚集成層，稱之為子實層（hymenium）。通常擔子菌的菇體較大，一般在野外觀察到的及日常各種食用菇類多屬此類。

另一大群是「擔子菌」，其中包括四大類——褶菌類、非褶菌類、腹菌類和膠質菌類，此群的有性孢子主要著生於擔子（basidium）頂部的擔子柄（basidia）末端

另外，擔子菌這一大群中，則可依孢子著生的子實層是否外露，分為層菌和腹菌兩大類。而層菌類依顯微鏡下觀察到的擔子柄是否具有分隔，以及菌絲萌發後是否形成分生孢子，分為同擔子菌類和異擔子菌類（即膠質菌類）。最後，在同擔子菌類中又以菌褶有無，細分為褶菌類和非褶菌類。

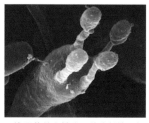

△ 擔子菌的有性孢子著生於擔子柄上，因而得名。

獨特的真菌界

真菌生物因為不像動物可以自行移動，加上細胞表面明顯可見細胞壁，因而在古老的林奈生物兩界（動物界、植物界）系統中（1735），被歸於植物界原葉體植物群的真菌門，而且從林奈時代直到1950年代，二百多年以來一直被沿用，沒有多大變化。

不過到了1969年，美國康乃爾大學的Robert H. Whittaker則依據真菌生物並不像植物具有可行光合作用的葉綠體，營生的方式與植物十分不同，且真菌生物的細胞壁主要成分為幾丁質，植物的細胞壁主要成分則為纖維素，而將它們自立門戶為真菌界，與原核生物界、原生生物界、植物界、動物界同列於生物五界中。

再者，整個真菌界又以菌絲有無分隔，分為「低等」和「高等」真菌兩大群。其中菌絲不具橫隔的低等真菌，主要分為水生的壺菌類和多數陸生的接合菌類，它們並不會形成大型子實體，是屬於小型真菌。

至於高等真菌，則主要分為不完全菌類、子囊菌類、擔子菌類。其中人們熟知的青黴菌或會產生黃麴毒素的黃麴菌，皆因有性生殖階段尚未明朗、清楚，所以被歸為不完全菌，此類真菌個體都很小，屬於小型真菌。而高等真菌中的多數擔子菌和部分子囊菌則因會形成大型的子實體，所以被歸為大型真菌，它們也就是本書的主角——野菇。

◁ 發霉橘子上的青黴菌

從頭到腳細看菇

香菇、靈芝、竹蓀、木耳、羊肚菌都是菇，怎麼長得都不同？原來，五大類野菇成員的外表就是這麼不一樣：褶菌形如小傘、非褶菌不見菌褶、膠質菌質地如果凍、腹菌造型最奇特、子囊菌多半嬌小可愛。下面依序列出五大類成員的外觀形態特色和代表菇類，帶領讀者掌握分辨的祕訣與樂趣。

褶菌類

褶菌類是屬於大型擔子菌的一群，主要特徵為菇體多呈傘形，質地較軟、幼嫩多汁且易腐爛，大部分具有菌蓋、菌褶和菌柄三大部分，一般稱為傘菌或軟菇，包括有傘菌目、紅菇目。它們生長發育較快，菇體生長期也較短，少則一日便見枯萎，多也不過十多天。一般人印象中的褶菌成員包括：餐桌上常見的食用菇——香菇、草菇、洋菇及金針菇等，自然界中許多美味可食的野生菇——雞肉絲菇、松茸等，以及人們聞之色變的毒菇——台灣中南部最常被誤食中毒的綠褶菇。

■褶菌類部位名稱

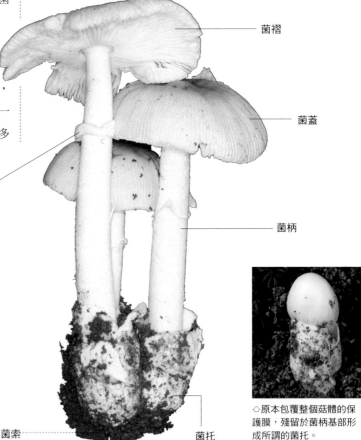

菌褶

菌蓋

菌環

菌柄

△原本包覆子實層的保護膜，開裂之後殘留於菌柄形成所謂的菌環。

△原本包覆整個菇體的保護膜，殘留於菌柄基部形成所謂的菌托。

菌索

菌托

看菌蓋：仔細觀察褶菌的菌蓋表面，可不是個個都光滑細緻如綢緞般，每種菇類各具其特色，有的表面密覆絨毛或是纖維絲條，有的呈現美麗斑紋，有的則凹凸不平宛如長瘤等。原來這些菌蓋表面的菌絲會集結成毛或鱗片等衍生物，不同粗細長短以及質地柔軟粗糙的變化，也就讓每個菌蓋看來如此獨特而多樣了。

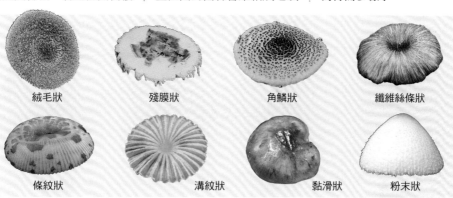

絨毛狀　　　　殘膜狀　　　　角鱗狀　　　　纖維絲條狀

條紋狀　　　　　　溝紋狀　　　　　黏滑狀　　　　粉末狀

看菌褶：菌褶是褶菌的註冊商標，更是孕育孢子的重要構造。而且，菌褶的形式並不單調，在辨識菇種上也常扮演重要的角色。例如有些種類的菌褶較疏鬆，有些則排列緊密，有些褶與褶之間或有小褶、橫脈、分叉，有些菌褶邊緣還呈鋸齒狀，有些甚至菌褶上可見斑點紋，有些則如葉脈般自基部輻射而出等。

葉脈狀　　　褶間有橫脈及分叉　　　具斑點紋　　　　排列疏鬆

看菌柄和菌環：傘形柄中生是典型褶菌的造型，有些種類的菌柄還可見一圈如舞裙或泳圈般的美麗菌環，如傘菌科、環柄菇科。不過並非所有褶菌的菌柄均中生，有些種類的菌柄長偏了，稱為偏生菌柄，有些則從菌蓋側邊生出，稱為側生菌柄，有些甚至不具菌柄，而這些菌柄著生方式及菌環有無的差異，也是辨識菇種的重要依據之一。

側生菌柄　　　　偏生菌柄

具菌環的
中生菌柄

看菌托：有些褶菌的菌柄基部膨大如球莖或呈花苞狀，遠看就像穿上了鞋子，有趣極了。其實這些膨大的基部並非用來妝扮野菇的，而是一種保護初生蕈的球狀構造，稱之為菌托。菇體初生時，菌托會包覆住整個初生蕈，讓孢子更能安全無虞的在其中生長孕育。等到菇體成熟，菌蓋冒出、菌柄伸長後，便殘留於菌柄基部了！

環形鱗片狀　　　　球莖狀　　　　粉末狀　　　　花苞狀

看菌索：有時觀察褶菌會發現有些種類的菌柄基部連著一條長長的菌索（或稱假根），不知道的人還以為它們長根了。有些則像爬藤植物般，彼此之間以細小菌索相連。還有一些種類的基部密布一團團的菌絲體。這些稱為菌索或菌絲體的特殊構造，其實是由許許多多的菌絲聚合而成的，主要功用除了可以幫助菇體繁衍生長外，更是抵抗不良環境因子（如乾燥、寒冷等）的祕密武器。

△輻毛鬼傘的菌柄基部密生毛毯狀的菌絲體

△以菌索彼此相連的安絡小皮傘

△蟻巢傘地底下的假根十分細長明顯

26

非褶菌類

非褶菌類亦屬於大型擔子菌，但主要特徵剛好與褶菌類相反，其子實層絕大多數並非褶狀，而呈孔狀、齒針狀、平滑狀至褶稜狀，包括有牛肝菌目、多孔菌目、非褶菌目及刺革菌目。其中除了牛肝菌目的菇體肉質較軟、生長期較短外，其他非褶菌類的菇體常呈扇形，多半無柄或柄短，質地則多革質化、木栓化至木質化，也就是一般俗稱的硬菇。

而和所謂的軟菇相比，它們的生長速度較為緩慢，生長期也較長，從數日至數年，甚至數十年都有。一般人印象中的非褶菌類，包括了強身保健的靈芝、牛樟芝、茯苓等。

看子實層：觀察非褶菌類的子實層，常會讓人大開眼界。因為這些菇類的子實層或是密生針扎般的菌孔，或是菌孔大如蜂窩，有些更是奇特，或是密生一根根的齒針，或是冒出許多瘤狀物，有的卻又光滑細緻，無褶也無孔。

■非褶菌類部位名稱

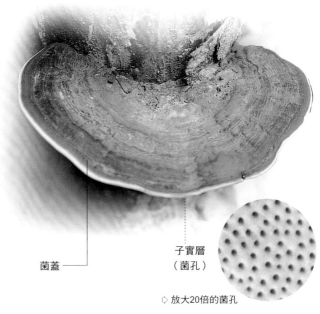

菌蓋

子實層（菌孔）

▷ 放大20倍的菌孔

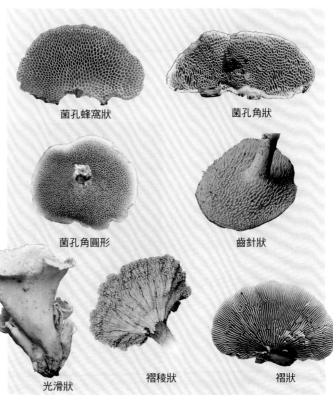

菌孔蜂窩狀

菌孔角狀

菌孔角圓形

齒針狀

光滑狀

褶稜狀

褶狀

■腹菌類部位名稱

內壁

小孢體

外被

〔鳥巢菌科〕

孢子囊體

外皮

內皮

〔地星科〕

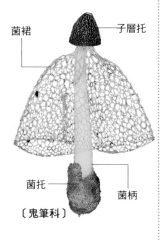

菌裙

子層托

菌托

菌柄

〔鬼筆科〕

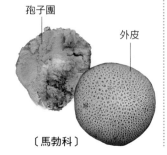

孢子團

外皮

〔馬勃科〕

腹菌類

　　腹菌類包括有鳥巢目、馬勃目、硬皮馬勃目、鬼筆目等，它們雖同屬大型擔子菌，不過和褶菌、非褶菌和膠質菌類相比，後三類的子實層皆裸露在外，當擔孢子成熟時，可以將孢子直接釋放出來，歸屬於層菌類。而腹菌類的子實層卻包裹在「腹部」般的菇體內，所以一旦擔孢子成熟後，菇體便會主動破裂，將孢子釋出，因而得名。腹菌類也因為繁殖方式不同，造型上和一般野菇相比，顯得更加精采。雖然它們初生時多呈球狀，不過一旦等到菇體開裂之後，星

△鬼筆科菇類未成熟時，包裹於球狀保護膜內，故被歸為腹菌類。

裂狀、筆狀、鳥巢狀等造型應有盡有。此外，這類野菇生長的地點，除了較常於地面上發現外，有些甚至長在地底下，可說是保護自己保護到家了。一般常見熟知的腹菌類成員有馬勃、地星、鳥巢菌及長裙竹蓀等。

△腹菌類初生時多呈球或蛋形，內部包覆著許多孢子。

膠質菌類

膠質菌類包括木耳目、銀耳目、花耳目，其主要特徵為菇體軟質有彈性，且潮濕時呈膠質狀，所以也有人稱它們為果凍菌類。在顯微鏡下觀察膠質菌，可發現它們的擔子形狀有「異」，原來和所謂的同擔子菌（包括褶菌和非褶菌類）相比，膠質菌類的擔子多了一些橫隔或縱隔，而且著生於擔子上的擔孢子，也常可發芽形成分生孢子，而同擔子菌的擔子則不見分隔，多呈棍棒狀，且擔孢子發芽後僅形成菌絲，因此膠質菌類也被稱為異擔子菌類。一般人印象中的膠質菌類成員有木耳、銀耳等。

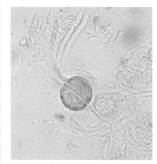

△擔子具橫隔的異擔子菌

■膠質菌類部位名稱

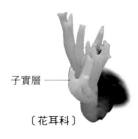

子實層

〔花耳科〕

子實層

〔銀耳科〕

子實層

不育面

〔木耳科〕

子囊菌類

子囊菌類包括有柔膜菌目、盤菌目、肉座菌目及炭角菌目等，它們的體型大小不一，有的小到眼睛看不見，有的大至數公分；而外觀形態更是多樣，最常見的為小盤狀，其他還有球狀、棍棒狀及羊肚狀等。一般熟知的子囊菌類成員有炭角菌、盤菌、冬蟲夏草、塊菇及羊肚菌等。

■子囊菌類部位名稱

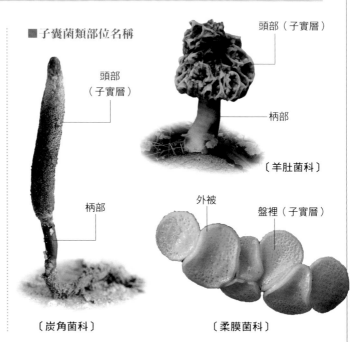

頭部（子實層）

柄部

〔羊肚菌科〕

頭部（子實層）

柄部

〔炭角菌科〕

外被

盤裡（子實層）

〔柔膜菌科〕

顯微鏡下的奧祕

想認清菇類真正的身分，光憑外表很容易弄錯，若要它們無所遁形，放到顯微鏡仔細觀察微細特徵，可是野菇入門的進階課程！一個個外觀近似的野菇，透過一小塊切片，在顯微鏡筒轉近拉遠間，放大400～600倍之後，逐漸現出了它們真正的原形。下面就讓我們從子囊菌和擔子菌這兩大群開始，依序揭開它們在顯微鏡下的奧祕吧！

孩童的聚寶盒：子囊菌

觀察顯微鏡下子囊菌的子實層，就像一個個孩童珍愛的聚寶盒，有著形狀各異的子囊構造。而子囊內部的子囊孢子當然就是孩子無價的收藏了。

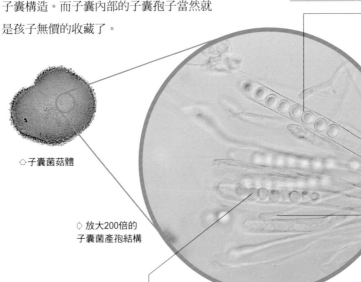

◁子囊菌菇體

▷ 放大200倍的子囊菌產孢結構

子囊：子囊就像人類的子宮般，扮演著孕育子囊孢子的重要角色，它們的形狀從圓到扁到細長條狀都有。

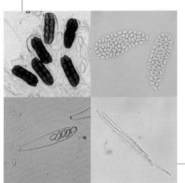

子囊孢子：每個子囊內均含有一定數目的子囊孢子，很特別的是因為會經過減數分裂，所以每個子囊裡的孢子數目必定是 2 的倍數，最常見為 8 個，最多可達256個。此外，這些子囊孢子無論形狀、顏色、質地或排列方式都很多樣，這也是觀察子囊菌不容錯過的重頭戲。

側絲：間雜於子囊間的側絲，它們的形態也是重要的分類依據。雖然這些側絲不具孕育孢子的功用，不過它們可是最好的隔板，讓子囊不會層層相疊，有助於子囊將孢子散出。

肩挑重擔的挑夫：擔子菌

　　觀察顯微鏡下擔子菌的子實層，棍棒狀的擔子就像挑夫似的，用一個個的擔子柄挑著擔孢子，而這些擔孢子的形狀、大小、顏色和花紋，可都是真菌專家分類的重要依據。

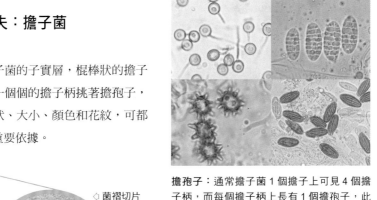

△菌褶切片

擔孢子：通常擔子菌 1 個擔子上可見 4 個擔子柄，而每個擔子柄上長有 1 個擔孢子，此類擔子菌稱為四孢型擔子菌。不過偶爾可以發現有些擔子菌僅具 2 個擔子柄，稱為二孢型擔子菌。這些著生於擔子柄上的擔孢子不僅外型多變，而且表面的質地也有很微妙的差異。

△擔子菌菇體

擔子：除了膠質菌類（異擔子菌類）外，所有擔子菌的擔子都不見隔膜，一般呈棍棒狀。然而，異擔子菌類的擔子則變化較多了，其中木耳目可見橫隔，銀耳目的則有縱隔，花耳目的形如叉狀更是特別。

△放大600倍的擔子菌產孢結構

10 μm

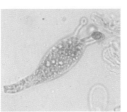

△同擔子菌的棍棒狀擔子

△異擔子菌的叉狀擔子

囊狀體：一個個的擔子之間有著許多形狀各異的囊狀構造，稱之為囊狀體，它們可是分辨菇種的重要依據之一。到底囊狀體有何功用？有種說法是，它們雖不擔負生產孢子的重責大任，不過由於囊狀體通常都比擔子長且粗，可將菌褶整個撐開，所以有助於孢子從菌褶上散播出去。

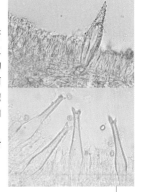

31

菇的身世

到底誰是菇類的始祖？是動物嗎？不像不像，它們連動也不動一下，而且細胞上還具有植物特有的細胞壁結構。那它們是開花植物嗎？可是菇類既不開花也不結果。是蕨類、苔蘚這些低等植物的近親嗎？仔細瞧瞧，菇類身上並不具可行光合作用的葉綠素。究竟它們從何演化而來？且讓我們溯源至菇類所屬的真菌界來看看吧！

起源與演化

真菌在地球上存在多長時間至今仍是個謎，主要是因為真菌的個體微細，化石上的證據非常缺乏，因此對於真菌的起源還沒有確切的結論。近30年來，由於科學技術的發展和新的分子生物技術的廣泛應用，提供了真菌起源與演化學說上的依據。

目前認為真菌演化的主軸路線應該為：鞭毛生物→壺菌（水生真菌）→接合菌（陸生真菌）→子囊菌→擔子菌。也就是說，水生真菌應是大型真菌（菇類）演化的原始型，演化的過程是由水生到陸生，但在漫長的演化過程中也有可能返回水生的習性。以下就來看看菇類是如何從

演化階段 1

真菌的共同祖先

一般認為真菌生物起源於一種原始水生生物——鞭毛單細胞生物，它們具1至數根可供游動的鞭毛，有些種類的體內具有葉綠素和其他色素，有些則無色素。

演化階段 2

水生真菌現身

那些具有色素的原始鞭毛生物之後逐漸演化為低等藻類，接著更演化出高等藻類，甚至蕨類、種子植物等生物。而不具色素的原始鞭毛生物則逐漸演化為壺菌這種低等真菌，此類真菌大多會產生具有鞭毛的游走孢子，適合水生，所以又稱「水生真菌」。綜合以上可知藻類和真菌的演化為平行的，兩者起源的時期十分相近，而目前古生物學家從化石紀錄中便發現，6億年前的海洋中，即有壺菌類真菌與藻類共生的情形了。

◁有色素的鞭毛單細胞生物

◀無色素的鞭毛單細胞生物

▷壺菌類產生的孢子具有鞭毛

顯微鏡下才能看得清楚的原始鞭毛生物，一路演化至今日可能長有巨大菇體的生物。

演化階段 4

大型真菌上場

最後從陸生的低等真菌中再逐步演化出大多數的高等真菌——以子囊菌和擔子菌為主，它們屬於陸生真菌，僅適合陸地環境，而擔子菌可說是所有真菌生物中最高等的一群。目前，真菌仍繼續演化中，例如與腐生性菇類相比，寄生性菇類的營生方式更為專化、進步，而其中又以具專一宿主的大型寄生菇類最為進化。

◁子囊菌

◁擔子菌

演化階段 3

真菌上陸了

接著低等真菌中開始演化出少數並不產生游走孢子的接合菌，此類真菌多數為陸生，因而被認定是自水生（低等）真菌演化至陸生（高等）真菌的一種原始型陸生真菌，生活中，久置的食物如豆腐、年糕、蓮霧表面常見的毛黴，便是此類真菌的代表之一。

▷接合菌為陸生真菌的原始型

◁專一寄生的紫杉木齒菌是屬於較為高等的大型真菌

◁豆腐上常見的毛黴是屬於接合菌的一種

◁與真菌平行演化的藻類生物

菇的一生

菇類孕育的孢子就像高等植物的種子，它們從這個微小的孢子做為開端，展開一段生生不息的生命樣態。一般種子發芽會形成植株，植株長大後開花結果，孕育更多的種子。相對的，菇的孢子發芽則形成菌絲，菌絲集結成菌絲體，時機成熟時，菌絲體便發展出明顯可見的菇體，孕育更多的孢子，就這樣不停的循環下去……。現在讓我們跟著微小的孢子，來認識菇類成長茁壯的完整過程！

菇的生活史

菇的生活史主要可分為有性生殖和無性生殖兩個階段。所謂無性生殖階段並不會出現明顯的菇體，僅靠著菌絲在腐木內或地底下默默的增殖擴張，可說是隱而不見的一段生長過程。這個階段佔了菇類生活史很長一段時間，一直等到環境條件適合，才會進入所謂的有性生殖階段。

而有性生殖階段通常可見明顯菇體冒出，最後則以孕育出有性孢子（即擔孢子和子囊孢子）做為完美的句點。之後散出的孢子發芽生長後，繼續菇類永無止盡的生命循環。

1 孢子發芽期

找到合適生長基質的有性孢子，開始發芽形成菌絲。在整個菇的生活史中，菌絲屬於配子體，也就是每一個細胞核中僅具有單套染色體（N）。

2 開疆闢土期

發芽形成的菌絲靠著不斷增殖形成了所謂的菌絲體，並藉此來擴張疆土。有些野菇的菌絲還會形成「無性孢子」（分生孢子），之後再藉由這些無性孢子

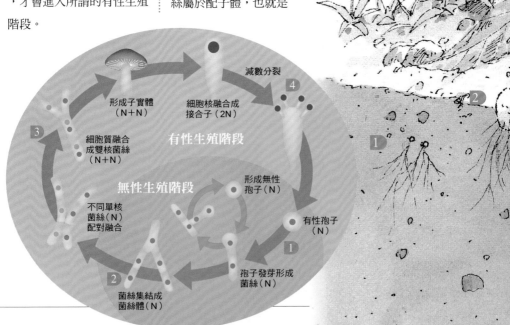

形成子實體
（N+N）

細胞核融合成
接合子（2N）

減數分裂

細胞質融合
成雙核菌絲
（N+N）

有性生殖階段

無性生殖階段

形成無性
孢子（N）

不同單核
菌絲（N）
配對融合

有性孢子
（N）

孢子發芽形成
菌絲（N）

菌絲集結成
菌絲體（N）

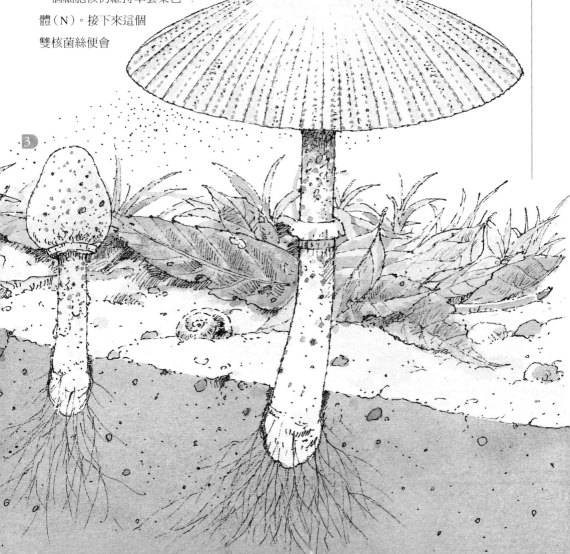

的散播、發芽形成菌絲，讓同群菌絲生長的範圍更遠、更大。

3　菇體冒出期

　　成長茁壯的菌絲，若是遇到環境條件合適，來自不同孢子的同種菌絲，彼此便會擦出愛的火花，配對融合為雙核菌絲（N+N），但其每一個細胞核仍維持單套染色體（N）。接下來這個雙核菌絲便會

快速增殖形成子實體（N＋N），也就是所謂發菇了。

4　孕育孢子期

　　菇體逐漸成熟後，在所謂的產孢組織（子實層）上便會形成擔子或子囊，這時擔子中原本具有的雙細胞核會融合成雙倍體細胞核（稱為

接合子，2N），之後經由二次減數分裂，孕育出僅具單倍體細胞核的有性孢子（N），如擔子菌便於子實層的擔子上孕育出擔孢子，而子囊菌則於子囊內孕育出子囊孢子，接下來便靠著這些孢子傳播散出，繼續繁衍下一代了。

孢子的保護與傳播

若說子實體是菇類孕育孢子的搖籃，那麼子實層便是孢子著床的位置。子實層最終還是必須暴露在外，以利孢子的傳播飛散。只是菇類為了避免孢子直接受到陽光和雨水的衝擊，同時還要兼顧孢子順利傳播，因而演化出各式各樣的菇體形狀，以及孢子傳播的方式。

菇體設計大不同

以子囊菌類來說，因其子囊孢子均包埋於子囊內受到很好的保護，所以它們的子囊大多長在菇體表面，方便孢子順利釋出到空氣中。有些子囊的壁層為原始壁，壁薄，當菇體成熟後，壁層便直接破裂釋出孢子；有些壁層為單層壁，子囊的內層和外層緊密結合，孢子成熟時，自頂端之孔口、裂縫或蓋子處開裂而釋放；另外還有些更高等的子囊菌，其子囊具雙層壁，孢子成熟時，內層吸水膨脹至原來長度的2倍以上，外層頂部崩解，內層以孔口開裂，孢子則自孔口釋出。

再來說說擔子菌。除腹菌類的孢子包裹於菇體內受到

△有些子囊菌的子囊上方有蓋子，孢子成熟後即打開散出孢子。

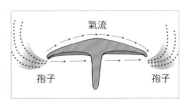
△設計如機翼的擔子菌菇體，有助於孢子傳播到更遠的地方。

保護，等到成熟後再由表面的裂口釋出外，其他多數的擔子菌，因孢子直接長在擔子柄的表面，明顯與空氣直接接觸，雖然方便釋放，卻少了一層保護，所以它們的子實層大都生長在向地的一面或至少在側面。此外，多數擔子菌的菌蓋形狀就像流線型的飛機翼，當氣流從菌蓋上方通過時，上面會產生快速的氣流，下面的氣流速度則較慢，因此產生向上推擠的壓力，將散出的孢子吸引上去，如此一來，質量相當輕盈的孢子便不會只掉落於附近的地表，而有機會往更遠的地方散播出去，避免了近親交配的問題，讓其子孫能更加綿延不絕。

△盤狀子囊菌的子實層散布於菇體的上表面

孢子傳播大不同

孢子成熟之後，大多數的擔子菌或子囊菌會藉由壓力，將孢子主動彈射出去，如杯狀或盤狀的子囊菌，其子囊內除子囊孢子外，還充滿著如羊水般的液體，所以一旦孢子成熟，子囊內的液壓便可讓孢子瞬間成群自動射出，因此可以看到菇體上方出現霧狀的孢子雲。

此外有些菇類的孢子則是以被動的方式，藉由氣流、風、水、昆蟲及其他動物傳播到很遠的地方，如靠風雨而搖動（多數褶菌類野菇）、或是孢子本身帶有黏液可以附著於昆蟲體表（如鬼筆科），或是菇體本身散發特殊氣味，吸引動物咬食（如香菇）等，這些傳播的方式，對於野菇領土的擴張也有相當大的助益。

△以臭味吸引蒼蠅，幫助傳播孢子的鬼筆科菇類。

■馬勃科孢子傳播的過程

❶初生的馬勃全株顏色較淡

❷成熟後菇體顏色開始轉深

❸菇體上方出現裂縫，露出成熟的孢子團。

△以香氣吸引生物咬食，藉以傳播孢子的香菇。

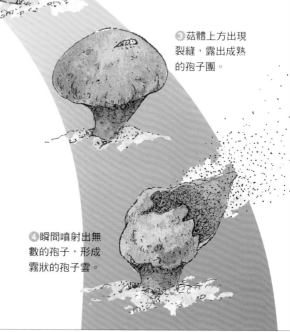

❹瞬間噴射出無數的孢子，形成霧狀的孢子雲。

菇的生存絕招

對地球來說，野菇就像清道夫，它們扮演著分解者的角色，努力將地球上的碎屑、屍體從大分子分解成小分子，讓那些累積其間的有用分子，回歸到大自然中再度被利用，且不再佔用地球的有限空間。不過這些小小清道夫，到底施了什麼魔法，可以讓大於它們數倍，甚至數百倍的有機物消失不見呢？

三大營生模式

原來各種野菇成員在行使分解者角色時，與其獲取養分來源的生長基質，建立了三類互動營生模式：腐生、寄生、共生。這三類模式很難加以清楚劃分，也就是說有些真菌只具一種營生模式，但有些真菌卻兼具兩種，而目前的營生模式，可說是動態的，它只是反映出過去長期演化和適應的結果，且要從一種模式轉變為另一種，是需要漫長的歲月和環境誘因的。

模式1 化腐朽為神奇的腐生

腐生性野菇僅生長在沒有生命的有機質上，它們和其他小型真菌及細菌組成了地球清潔隊，是讓地球資源回收利用的一支主力部隊。

森林中的腐生性野菇如以棲所來分，可以分成兩大類，即木生性與非木生性。木生性野菇主要分解利用木材的纖維素和木質素，做為碳素的營養來源，學術上稱之

△寄生於楓香上的靈芝，屬於兼性寄生菌。

為木材腐朽菌。大部分的木材腐朽菌僅利用樹木死的組織（木材），但也有些木材腐朽菌具有弱病原性，當樹木的生理機能較為衰弱時，便進一步危害活的組織，如靈芝、烏芝，而這些兼具病原性的野菇又被稱為兼性寄生菌。

此外，若根據木材腐朽菌利用木材成分的類別，又可細分成兩類。一類為木材白色腐朽菌，它們分解利用木材的木質素和纖維素，而木材原本就是因為含有木質素才呈黃褐色，因此當木質素被分解利用後，木材便褪色

△這種小皮傘屬菇類為利用土壤養分的土棲腐生菌

38

　　共生性野菇也可視為無害
寄生性真菌,此因共生性野
菇同樣也會侵入活的寄主體
內,自寄主獲得維生的養分
,只是它們不會對寄主造成
傷害,反倒有益於寄主,可
說是野菇與寄主共同演化達
成互利共生的好榜樣。

　　共生性野菇絕大多數都是
和植物的根部形成共生關係
,稱之為「外生菌根菌」,
如松茸、黑塊菇、雞油菌,
以及大多數的牛肝菌科、鵝
膏科和紅菇科的成員等。

這些野菇可說是森林樹木的守護神，它們的菌絲在樹木根部的細胞間隙生長，沒有直接深入細胞內，所以不會對植物根部的正常生理機能造成影響。外觀看來，一般有外生菌根菌生長的根部布滿了菌絲且較為肥大，我們稱這類根部為菌根。而由於菌根較為肥大，且菌絲向外延伸擴展，增加根部吸收的表面積，因此吸收土壤水分及養分的能力也較強；此外，樹根因有菌根菌保護，其他病原菌較不容易侵入，而且還能幫助植物抵抗不良環境，例如乾旱，對樹木來

△鵝膏科多為與樹木根部共生的外生菌根菌

說可謂好處多多。另一方面對這些菌根菌來說，則可以共享樹木行光合作用所製造的碳水化合物養分，兩者相互依存，形成互益共生的一種密切關係。

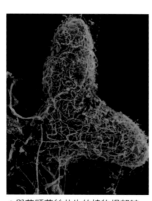
△與菇類菌絲共生的植物根部較一般肥大

外生菌根菌＝人間美味？

為什麼十之八九的珍貴食用菇，如雞油菌、松茸、美味牛肝菌、羊肚菌或黑塊菇，皆是外生菌根菌？天賦異稟的好滋味固然是勝出之道，不過最主要還是因為它們始終無法以人工基質或環境栽培成功，「物以稀為貴」，自然價格就居高不下了。例如栽培松茸，首先要有接種源（培養菌絲體或孢子）、活的松樹林或松苗及適合生育地，再來便要確保如何接種成功，而因自然界尚有許多菌類會與之競爭，最後很難控制發菇的狀況，直至今日，日本已對此栽培技術研究數十年，還是沒辦法獲致成功。而台灣塊菇接種在青剛櫟樹苗旁，再經過七、八年栽植生長，終可發菇收種，也算是此項技術的一大突破。

△屬於外生菌根菌的兄弟牛肝菌，是老饕眼中的珍饈

△殼斗科樹木附近的林地上常可發現模樣美麗的共生性野菇

41

菇與人

自古以來，野菇鮮美的滋味，豐富的營養，甚至神奇的療效，始終在人們口耳之間不斷流傳。不過，誤食中毒、讓人聞之色變的報導，及讓農民、林務人員頭痛的植物病害等，卻也都是它們的傑作！近年來由於人類對菇的特性越來越了解，也就更認識到菇對人類而言，其實是益處多於壞處的。下面就一起來看看，菇和人類之間亦敵亦友的奇妙關係吧！

可食的菇類

菇類在飲食上的利用，中國可謂始祖之一，早在戰國時期的《列子》、《呂氏春秋》等文獻中，便有關於菇類栽培與食用的記載。之後南宋淳佑五年（西元1245年）陳仁玉所撰之《菌譜》一書，更是中國第一部菇類的專書。

近年來由於人類對菇類栽培的技術有了長足的了解與掌握，因此市面上食用菇的種類越來越多樣性，價格也就越來越大眾化，例如以往被列為珍品的香菇、白木耳等，現在已經十分多產、平價了。

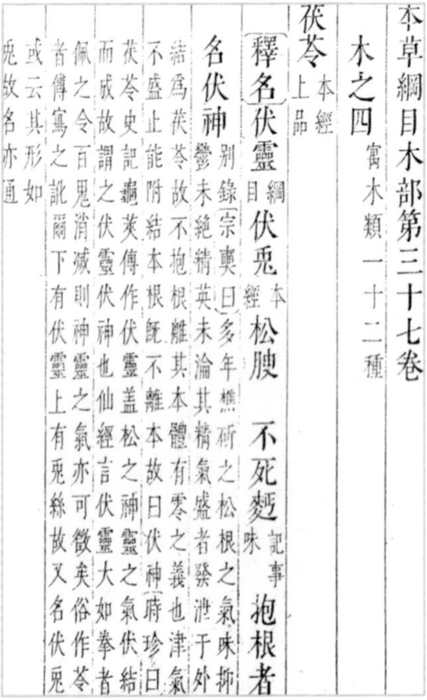

本草綱目木部第三十七卷

木之四 寓木類一十二種

茯苓 本經上品

釋名 伏靈 綱目 伏兔 本經 松腴 不死麪 記事珠 抱根者

名伏神 別錄 宗奭曰多年樵斫之松根之氣味抑鬱未絶精英未淪其精氣盛者發泄于外

結爲茯苓故不抱根離其本體有零之義也津氣不盛止能附結本根既不離本故曰伏神時珍曰

茯苓史記龜策傳作伏靈蓋松之神靈之氣伏結而成故謂之伏靈伏神也仙經言伏靈大如拳者

佩之令百鬼消滅則神靈之氣亦可徵矣俗作苓者傳寫之訛爾下有伏靈上有兔絲故又名伏兔

或云其形如兔故名亦通

◁《本草綱目》內有相當豐富的藥用菇類記載

不過，目前仍有一些食用菇因屬於外生菌根菌，必須在自然界環境適合出菇時才能採集利用，因此產量稀少，價格依然相當昂貴，例如法國料理中的松露（黑塊菇）即是老饕眼中相當珍貴的食材。

△靈芝具增強免疫力之保健效果

藥用的菇類

除了飲食上的應用外，菇類在藥用或保健上的益處也是有目共睹的。許多東方國家，如中國、日本、韓國等，自老祖宗時代便開始流傳著許多菇類的神奇療效，而明代李時珍所著的藥典《本草綱目》中，更詳載了20多種具有藥用價值的菇類。不過直到現代醫學科技進步之後，才逐步證實這些古老的傳說有些的確具有科學上的根據，所以現今甚至西方國家的民眾，也逐漸接受這類訊息了。

市面上常見的藥用菇包括

了靈芝、茯苓、冬蟲夏草、牛樟芝等。除了以上提到的藥用菇類外，目前人類也積極開發菇類在生物科技上的應用，尤其在醫藥方面它們的潛力更是無限。這是因為在生物界中，真菌（或菇類）的二次代謝產物（或稱次級代謝物）是最豐富且多樣的，而二次代謝產物則是藥物篩選的重要來源（如多孔菌科的牛樟芝便具有抗發炎的樟菇酸A、B、C及K）。

△模樣看似好吃的綠褶菇，卻是會讓人腸胃不適的毒菇。

有毒的菇類

一般稱有毒的菇類為「毒菇」，而英文則以「toadstool」一字代表，其中toad 意指癩蛤蟆，stool為凳子，也就是形容這些如凳子般的野菇污穢不好吃。沒錯，毒菇真的就像癩蛤蟆，總讓人心生恐懼，不敢親近。不過你知道嗎？毒菇的種類並不算多，目前全世界發現記錄的毒菇共有150～250種，其中僅有20多種具致死毒性，而台灣千餘種的野菇中，已記錄的毒菇種類也不到十分之一。只是毒菇因形態多樣，不易就外觀特徵分辨，無怪乎人們對野菇總還存有這層疑慮。在台灣最常聽到毒菇中毒案件的主角為綠褶菇，其他如鵝膏科中的鱗柄白鵝膏也是赫赫有名。

植物病害菌

一般野菇對植物造成的威脅，多半只是造成一些多年生的木本樹木腐朽，僅有少數具病原性，如靈芝、蜜環菌等，它們會讓活樹的根部及樹幹基部腐爛枯死，即所謂的根莖腐病。

不過，也有少數的野菇會造成農作上的大量損失，其中最有名的就是蔬果常見的菌核病，而子囊菌中的核盤菌就是引發此種農作病害的元凶。

天然染料菇類

在國外利用菇類染色的手工藝已發展多年，最有名的就是將彩色豆馬勃製成黃色染料用以染製布料，此外球蓋菇科的簇生沿絲傘、齒菌科的翹鱗肉齒菌、口蘑科的黑毛椿菇、多孔菌科的栗褐暗孔菌，也都有著不錯的染色效果。

△以彩色豆馬勃染色的作品

相遇篇

到野外去，你遇見了花，

遇見了樹，遇見了小鳥，遇見了昆蟲，

你甚至還遇見一身樸素，

卻別具風華的蕨類！

不過，在那當中，

還躲藏著小精靈般，

玲瓏多姿的野菇家族的小小身影，

你，遇見了嗎？

野菇在哪裡

枯木、草地、大樹枝幹……，這些都是一般人所熟知的野菇住所，不過，你可能不知道，有些野菇還會住在毬果、麥穗或果實上，有些「逐臭之夫」則以動物的排遺或屍體為家，還有些甚至借住在蟻巢裡！是不是相當奇特、不可思議呢？以下歸納出數種野菇生長的小環境，下次外出賞菇時，別忘了到這些地方細細尋覓，也許就有意想不到的驚喜正等著你！

木頭上的野菇

別小看木頭上的野菇，它們可是地球上唯一可以分解利用木材纖維素與木質素的微生物。自然界的木生性野菇多達6000種以上，台灣目前已知約1000種，其中多數屬於非褶菌類，少數屬於褶菌、膠質菌和子囊菌類，而具代表性的木生性野菇家族有靈芝科、多孔菌科、刺革菌科、側耳科、木耳科、肉杯菌科等。

這些木生性野菇專以木材為生長基質，從活樹的樹幹基部或根部、活樹上的腐幹，到地上的枯倒木及殘留樹頭，都是它們可能的住所。

大多數的木生性野菇屬於「木棲腐生菌」，它們僅腐生於枯立木或枯倒木上，對活樹並不具太大的傷害。不過那些生長於活樹樹幹基部或根部的木生性野菇，則常具病原，稱為「木棲寄生菌」，它們會讓寄主樹木生長力變弱，並腐朽其木材組織，一旦遇外力，如地震和強風，便容易倒伏，須十分小心。

林地上的野菇

除了腐木外，林地也是野菇常見的住所。這些直接自林地上冒出的野菇，屬於土生性野菇，它們一般指的是那些以分解土壤和地表腐植質、吸取其中養分維生的「土棲腐生菌」，其中多數屬於褶菌類與腹菌類，

△森林內的腐木，可說是尋菇最佳的目標。

而具代表性的野菇家族有傘菌科、馬勃科等。不過,從林地裡冒出的還有另外一群獨特的野菇,它們的菌絲體會與附近的樹木根部共生形成菌根,稱為「土棲共生菌」,也就是所謂的「外生菌根菌」,這類野菇種類眾多,其中以牛肝菌科、紅菇科、鵝膏科、雞油菌科最具代表。

草地上的野菇

　　一般都以為野菇喜歡躲在陰暗角落安靜的生長著,其實野菇世界裡還是有些成員非常喜歡露臉,它們通常在成片廣闊的草地上,或單株冒出,或成群出現,有些甚至還環生呈菌輪或仙女環狀,十分顯眼哩!它們和林地上的野菇同屬土生性野菇,而且多為「土棲腐生菌」,種類也不算少,主要包括了口蘑科、環柄菇科、菌科的一些成員,其中最有名的莫過於美味可口的蘑菇和毒菇狀元綠褶菇了。

△蘑菇為草生野菇的代表種之一

動物身上的野菇

　　有些野菇的出現和動物的活動範圍息息相關,其中又以寄生於昆蟲身上或與昆蟲的棲所有密切聯繫的野菇最為常見。這些野菇台灣約有20種,它們有些對昆蟲具有病原性,也就是可以引起昆蟲生病,最後導致昆蟲死亡,屬於所謂的「蟲棲寄生菌」,在台灣以蛹蟲草最具代表性。當然,這些奇特的野菇之中也有一些是與昆蟲互利共生的種類,它們對昆蟲來說非但不具病原性,而且和昆蟲還有著共存共亡的微妙關係,在台灣以蟻巢傘和小蟻巢傘最具代表性,它們是常見於蟻巢上的可食性野菇,屬於所謂的「土棲共生菌」。

△看到蟻巢傘,便可推論下方30cm左右,必有一個蟻巢存在。

糞便上的野菇

通常在一些草食性動物糞便或以糞便為堆肥的泥土表面，有時可以發現一些以糞為家的野菇。這是因為這類糞便中含有較多纖維素及其他可供菌絲生長的有機物，因此吸引了這群獨特的住客進駐，稱為「糞棲腐生菌」。它們的種類並不多，散見於褶菌類及子囊菌類，如鬼傘科、糞傘科及一些糞盤菌科野菇等。

△這種可愛的球蓋菇屬菇類屬於糞棲腐生種類

其他住所上的野菇

有些野菇的住所相當與眾不同，它們有的喜歡生長於植物的果實裡，吸收當中豐富的營養維生，如耳匙菌科和口蘑科中以針葉樹毬果維生的耳匙菌、小孢菌，以及核盤菌科中以桑椹為寄主的桑實杯盤菌。有的則不以枯枝而以落葉為家，如口蘑科中的葉生小皮、毛狀小皮傘、毛狀小菇等，它們的個頭通常不大，若不是成群自腐葉上冒出，很容易被人忽略不見。

△葉片上的毛狀小皮傘常成群出現，狀似葉子長毛般。

賞菇好時機

認識了野菇的生長環境，接著還得摸準出菇時間表，這樣賞菇之旅才不會乘興而出，無功而返！

說到了賞菇的時機，其實賞菇就像賞花般，只要依循每種野菇出菇的歲令，在最對的季節，選擇適合的地點，並配合適當的溫度和濕度條件，相信每趟出外賞菇的旅程，定不會讓你的期待落空。

 要訣1　雨後天晴

　　所有野菇出菇，都需要一個共同的微氣候環境因子，那就是較高的濕度，而且這樣的濕度條件至少必須持續一星期以上的時間才行。不過每種野菇對濕度條件的要求並不相同，一般而言，連續下雨過後的放晴日，正是賞菇的好時機。

△想要欣賞溫帶種類野菇的風采，就得來到冷涼的高山環境中尋覓。

要訣2　溫度適當

　　太冷或太熱，都不適合野菇生長或出菇，所以溫暖和煦的日子正是賞菇的好時機。不過每種野菇對於溫度條件的要求差異很大，如馬鞍菌科多為溫帶種類，喜於春至秋間冷涼的高山環境出現，而肉杯菌科則多為熱帶種類，喜於高溫的夏、秋季節出現在海拔較低的山區。而台灣因地處熱帶和亞熱帶交界，氣候溫和，所以除了高山地區和冬季寒流期間溫度明顯太低，不利於出菇外，大部分時節均適合野菇的生長。

 要訣3　春夏最宜

　　由於出菇需要較高的濕度，因此一年之中乾濕季的變化與野菇的出現有著密切的關係。在台灣，春、夏兩季的降雨機會比秋、冬季多，因此春、夏兩季配合足夠的降雨便是賞菇的好時機。而北台灣的冬季，雖有東北季風帶來豐沛的雨水，但因溫度偏低，野菇出現的種類較少，所以還是不適於賞菇。

常見野菇的出菇歲時表

每種野菇因生長期長短不同，所以何時出菇有著相當大的歧異。一般而言，多年生和一些優勢的野菇是沒有季節性的，也就是說一年四季都可以看到它們的蹤跡。需要在特定季節觀察的野菇，則多為一年生，且因一年生的野菇

生長期從1日生至數月生都有，若生長期越短，相對的觀察期就越短，例如竹林裡的長裙竹蓀多於清晨出菇，不到一天就乾枯倒地了，所以如果對某種一年生野菇情有獨鍾，就該詳閱資料，把握時間，才不會錯失觀察的契機。

以下列出一些常見的一年生野菇出菇歲時，做為讀者賞菇之前的參考。

種名 / 月份	1	2	3	4	5	6	7	8	9	10	11	12	生長期
長裙竹蓀			▓	▓	▓	▓	▓	▓	▓				一日
側耳	▓	▓	▓						▓	▓	▓	▓	數日
香菇	▓	▓								▓	▓	▓	數日
叢傘絲牛肝菌			▓	▓	▓	▓	▓	▓	▓				數日
發光小菇				▓	▓	▓	▓	▓					數日（夜間）
蟻巢傘					▓	▓	▓	▓	▓				數日
灰鵝膏				▓	▓	▓	▓	▓	▓				數日
綠褶菇					▓	▓	▓	▓					數日
毒紅菇					▓	▓	▓	▓					數日
網壁條孢牛肝菌									▓	▓	▓		數日
混淆松塔牛肝菌			▓	▓	▓	▓	▓	▓	▓				數日
肝色牛排菌				▓	▓	▓							數日
硫色絢孔菌				▓	▓	▓			▓	▓			數日
略薄多孔菌				▓	▓	▓	▓	▓					數日
紅硬雙頭孢菌					▓	▓	▓	▓	▓				數日
爪哇肉盤菌					▓	▓	▓	▓	▓	▓	▓	▓	數日
長久集毛菌				▓	▓	▓	▓	▓	▓	▓	▓	▓	數週
煙管菌				▓	▓	▓	▓	▓	▓	▓	▓	▓	數週
粗毛擬革蓋菌					▓	▓	▓	▓	▓	▓	▓	▓	數週
黃褐革蓋菌					▓	▓	▓	▓	▓	▓	▓	▓	數週
毛蜂窩菌				▓	▓	▓	▓	▓	▓	▓	▓	▓	數週
光輪層炭殼菌					▓	▓	▓	▓	▓	▓	▓	▓	數月
假芝					▓	▓	▓	▓	▓	▓	▓	▓	數月
靈芝			▓	▓	▓	▓	▓	▓	▓	▓	▓	▓	數月

野外賞菇去

來賞菇吧！不用跋涉千里，住家附近的公園與校園便是最好的起點，循著綠意用心搜尋，一路往海邊、郊山，一直到人煙稀少的高山針葉林，都有機會與安靜等待的野菇相遇。有趣的是，這些隨著海拔高度變化的生態環境，就像一個個的野菇小社會，裡面的野菇住客不盡相同，歡迎大家親自來訪，體會其中的奧妙。

地點1 校園與公園

此處的校園與公園環境，泛指生活周遭的小型樹林及草地。這些環境多少經過人工的種植與處理，在這類環境中尋找野菇，首先，可以鎖定大樹及老樹的根部與樹幹基部周圍，那裡常有引起樹木根莖腐朽的野菇生長，例如靈芝。其次，可以往樹上的枯幹、地上的倒木或樹

△腐幹上的木耳是住家附近的野菇常客

頭搜尋，也常會發現一些木棲腐生性野菇生長，例如木耳、簇生鬼傘、側耳等。接著便可轉移至四周富含腐植質的盆栽、草地或樹下，那裡可能躲藏著許多可愛的軟菇，如緋紅齒濕傘、乳白錐蓋傘、暗鱗環柄菇等。

此外，住家附近的牧場和竹林也是賞菇的絕佳地點，例如牧場裡的牛糞堆上，常可觀察到一些獨特的糞棲性野菇，而竹林裡的腐竹上，更是觀察美麗的發光小菇、長裙竹蓀等最好的選擇！

△盆栽也是發現、觀察野菇的絕佳地點

地點2　海岸防風林

　　海岸環境的樹木種類少，加上風大導致濕度偏低，所以出現的野菇種類並不多，它們多半以海岸防風林內的木麻黃和林投為家，且多屬木棲寄生或木棲腐生性野菇。不過因為這些野菇多為硬菇，存在時間較長，因此容易發現觀察，其中又以生長於林投上、民間俗稱林投菇的血紅密孔菌最具代表。除此之外，若於潮濕雨季時，偶爾可於防風林林地上觀察到一些軟菇，如彩色豆馬勃、布雷白環蘑等。

⇧防風林林地上有時可以發現奇特的彩色豆馬勃

⇧顏色鮮紅的血紅密孔菌是防風林內的野菇常客

地點3 低海拔闊葉林

森林是陸地上最大的生態系，更是野菇重要的棲息環境，一般說來森林內植被種類越多，野菇的種類也就越多。因此，闊葉林內的野菇通常比針葉林多樣，熱帶（或低海拔）的野菇一般也比溫帶（或高海拔）多樣。也就是說，若想來趟豐富、難忘的賞菇之旅，走進低海拔闊葉林是最優先的選擇。

在台灣，低海拔闊葉林指的是海拔800公尺以下的森林，在這類環境中尋找野菇，首先可以注意觀察林下的枯倒木、老樹的樹洞，那裡常可發現各式各樣的木生性野菇，如相鄰小孔菌、硫色絢孔菌、粉紅栓菌、簇生沿絲傘、蠟韌革菌、炭角菌等。而在地上滿覆的枯枝落葉

△低海拔木生性野菇，如粉紅栓菌，其數量和種類堪稱第一。

堆裡，也可發現一些小型傘菌，如紫紅小皮傘、毛狀小菇等。此外，森林步道旁的邊坡上，則常可發現一些土生性野菇，如亮多珊瑚菌、日本麗口包等，而有些還是與樹木根部共生的外生菌根菌，如雞油菌、棕色革菌、亮茶色蛋鵝膏。

順道一提，台灣未經開墾利用的低海拔天然闊葉林已經所剩無幾，不過在這類珍貴的生態環境中，不僅可以觀察到世界廣泛分布的菇類以及南洋熱帶地區獨特的物種，更是孕育台灣特有種野菇的溫床，所以非常需要大家的保護與珍惜。

▷森林步道或小徑旁的邊坡常可發現奇特的亮多珊瑚菌

地點4 中海拔闊葉林

接著再往高處爬，便來到海拔800～2200公尺的中海拔闊葉林。這裡因位處雲霧帶，經年籠罩在高濕的環境中，因此野菇的種類也非常豐富，但物種與低海拔闊葉林有些不一樣。來到這類森林中，你會發現熱帶種類的野菇由南至北漸漸減少，而溫帶種類的野菇則明顯增多

△中海拔殼斗林是尋找喇叭菌這種土棲共生性野菇絕佳的地點

。此外，木生性物種較低海拔少，而土生性和共生性野菇則比低海拔來得多，因此軟菇種類也比低海拔多，有人認為這可能是因為此處濕度高，非常適合生長期短、需要持續性高濕環境的軟菇生長。

在這類環境中尋找野菇的原則與低海拔闊葉林相似，先以木生性種類為主，再觀察土生性及共生性軟菇。這裡常見的木生性野菇有淡黃木層孔菌、樺褶孔菌、香菇等，常見的土生性和共生性野菇則有花臉香蘑、球莖鵝膏、櫟生鵝膏、高大環柄菇、金毛鱗傘、日本紅菇、厚鱗條孢牛肝菌、混淆松塔牛肝菌等。此外，有時還可於一些特定樹種上，發現台灣特有的野菇，如生長在牛樟上的牛樟芝，以及與青剛櫟共生的台灣塊菇。

⬡中海拔闊葉林內，喜歡冷涼環境的溫帶種類野菇出現的比例較低海拔高。

中海拔林地上的土棲共生性野菇種類也不少。

55

中、高海拔針葉林

中、高海拔針葉林指的是海拔2200公尺以上的森林，這裡的樹木都是針葉樹，林相單調許多，加上冬季溫度較低，所以野菇種類較少，且較具宿主專一性，也就是說特定樹種上常可觀察到特定種類的野菇，如紫杉乾酪菌主要以檜木為宿主。在這類環境中尋找野菇的原則也與低海拔闊葉林相似，先以木生性種類為主，再觀察土生性及共生性軟菇。常見的木生性野菇有松林內的松木層孔菌、灰藍寡孔菌、波狀根盤菌和茯苓，鐵杉上的松生擬層孔菌、檜木上的紫杉木齒菌、柏克來絨柄革菌，以及毯果上的小孢菌等。而常見的土生性及共生性野菇則有二葉松林內的長久集毛菌、褐環乳牛肝菌和台灣松

△中、高海拔林地上常見的苔蘚盔孢傘

口蘑，其他如高羊肚菌、苔蘚盔孢傘、蒙它婁圓孢地花、網狀牛肝菌、裂皮疣柄牛肝菌、乳牛肝菌、金黃枝瑚菌和潔小菇等，也是針葉林內常見的野菇。

△冷杉林內偶見的蒙它婁圓孢地花

野菇在台灣

根據至2001年的野菇種類調查紀錄，台灣已知大型擔子菌約900種，大型子囊菌約200種，如以單位面積之菌種豐富度來看，台灣是印度的11倍，中國的80倍，甚至是真菌資源調查非常完整的日本之4倍。而且，截至目前為止，每採集100種大型真菌，大概就有20至40種是台灣新紀錄種或新種，由此可見台灣大型真菌的多樣性與豐富性實在不容我們忽視。

不過，為何小小的一塊土地上，可以擁有如此豐富的野菇資源呢？下面就從地理環境和氣候條件兩個面向，來為這個問題提出相關的解釋。

多元的地理環境：台灣因為海島具有地理上的隔離效果，演化出獨立物種的機率因而升高。此外，台灣擁有的森林資源也相當豐富，而森林正是野菇安身立命的主要場所，加上剛好又有北回歸線攔腰穿過，因此中部以北的低海拔地區，主要是亞熱帶森林生態系；以南的地區則為熱帶森林生態系；而中央山脈3000公尺以上的高山林立，更創造出寒帶和溫帶生態系。如此高度歧異的環境條件，正是產生豐富野菇資源的主因。

高濕的氣候條件：台灣夏季有西南海洋季風與颱風帶來豐沛的雨量，冬季則有東北季風提供北部綿密的降雨期，使得台灣一整年都具有較高濕度的環境。而高濕度正是野菇出菇的必要條件。再者，因野菇主要是靠孢子傳播，而質輕的孢子可以在空中做長距離的飄浮，因此當夏季颱風自西太平洋吹向台灣時，便吹來了許多南洋當地的菇種孢子，同樣的，冬季來自中國大陸北方的東北季風，必然也吹來了當地的菇種孢子。這些來自異地的孢子，可能在台灣找到適當的生長基質而發芽，它們不僅落地生根，成為海島的住客之一，也豐富了台灣野菇的資源。

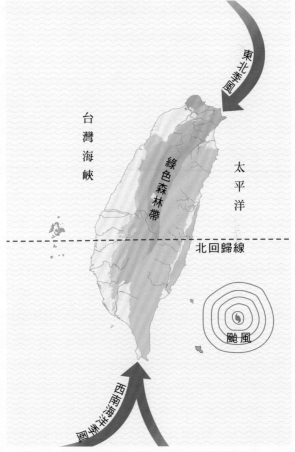

○台灣多元且優勢的地理與氣候條件，是野菇資源豐富的主因。

觀察篇

鬼傘怎麼一夜變色了？

美味的牛肝菌何處尋？毒菇一族有哪些？

裂褶菌如何施展龜息大法？

冬蟲夏草也是菇？

本篇從外觀特徵開始，

一一揭開三十六科野菇的家族私密，

讓你掌握辨識要訣之餘，

更能領略野菇世界無窮的奧妙！

蠟傘

咦！這個顏色鮮豔、嬌小玲瓏的小傘菌，怎麼好像上蠟的蘋果，看起來霧濛濛的？沒錯！蠟質的外表正是蠟傘科野菇最大的特色，若是試著揉碎菇體，指端還會感覺有層蠟質黏附其上哩。如果還不確定，那麼翻開背面看看是否有著延生、排列疏鬆的厚菌褶，若是，那保證就是蠟傘家族的成員了。

小檔案

分布：世界泛布；台灣常出現於低、中海拔森林

種類：約10屬320種；台灣有2屬14種

分類：傘目蠟傘科Hygrophoracea

顏色
多鮮豔豐富

菌柄
中生，罕
具菌環

體型
多小型

● 主圖：緋紅齒濕 *Hygrocybe coccineocrenata* (P. D. Orton) Moser，菌蓋0.4~1cm寬。

△蠟傘科的菌蓋表面都具有蠟質

上蠟不打光的小傘菌

　　嬌小似傘的外觀，鮮豔的顏色，上蠟般霧面的質地，是蠟傘科給人第一眼的印象，仔細觀察，有些種類甚至連菌褶也多少鋪上一層蠟質，難怪這個野菇家族的英文名稱為Wax Cap Family（蠟蓋傘科）了。

　　想觀察蠟傘並不困難，從住家庭園的盆栽裡或花叢下，一直到低、中海拔山區的苔蘚沼澤地、牧場草地、林地，均可發現它們成群冒出的可愛菇體。

　　不過由於這群小可愛出現的時間只有短短幾天，所以若想仔細觀察，就得好好把握相遇的黃金時光！

蠟傘家族的孿生姊妹花

　　小巧可愛的蠟傘家族共有10屬320種左右，其中蠟傘屬（*Hygrophorus*）和濕傘屬（*Hygrocybe*）便佔了半數以上（蠟傘屬約100種，濕傘屬約150種），在台灣發現記錄的14種蠟傘科菇類也歸這2屬。它們就像一對孿生姊妹花，外觀看來十分相似。不過若是仔細比較兩者差異

△蠟傘屬菇類的顏色多半較為樸素

菌蓋
多鐘形至漏斗形

菌褶
彎生至延生，厚，疏鬆，具蠟質；孢子印白色系

質地
蠟質，質脆，易爛

△土棲腐生的濕傘屬菇類，外觀鮮豔動人。

，會發現濕傘屬菇類多半鮮豔引人，而蠟傘屬菇類雖長得較為高大，外表卻樸素許多，多半為白色或黯淡色，且摸起來較不具蠟質感，有些種類甚至還可於菌柄上發現絲膜狀菌環呢。此外，在生長習性上，兩者也有很大的區別，其中蠟傘屬菇類多為外生菌根菌，也就是所謂的土棲共生菌；而濕傘屬菇類則主要為腐生菌，且多數屬於土棲腐生菌，只有極少數為木棲腐生菌。

不過只憑著外表有時還是不易清楚分辨這對姊妹花，最準確的方法還是取其菌褶切片，在顯微鏡下觀察菌褶內部的菌髓菌絲排列方式：蠟傘屬的菌髓菌絲是從中央束向兩邊輻射分開，而濕傘屬的菌髓菌絲則或多或少是平行的。

△炎夏時，在住家庭院的盆栽或花叢下，偶爾可見美麗的緋紅齒濕傘。

△土棲共生的蠟傘屬菇類

菌髓菌絲比較圖

〔濕傘屬的菌褶切片〕

平行的菌髓菌絲

〔蠟傘屬的菌褶切片〕

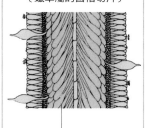

輻射狀的菌髓菌絲

一碰就花容失色的
錐形濕傘

「不要碰我！天呀！嗚嗚
！我的美貌全毀了……」，
如果菇類會說話，如此的哀
嚎恐怕常常發生在濕傘屬成
員之一的錐形濕傘身上，因
為外號「變黑濕傘」的它，
原本漂漂亮亮的橙紅色外表
，一旦被觸摸就會發生氧化
作用，迅速變黑變老。其實
很多菇類被刮傷後也會變黑
、變藍或變綠，只是變化沒
有那麼快速而已。

△錐形濕傘變色前的可愛模樣

△快速變黑的錐形濕傘

外型近似卻差之千里的雞油菌

有些雞油菌科的野菇，不管外型或微
細構造都與蠟傘科十分類似，其中又以
雞油菌屬（*Cantharellus*）最易令人混淆
不清，不過只要仔細觀察，便不難分辨
兩者。原來雞油菌屬菌蓋背面的子實層
只具脈狀隆起，並不像蠟傘科為真正的
菌褶，也因此被歸為非
褶菌類，兩者實質
上差之甚遠呢。

▷ 色澤和蠟傘同
樣鮮豔的雞油菌，
子實層呈脈狀隆起。

口蘑

打開口蘑科成員的相本，體型從小至綠豆，大至成叢如小孩高，應有盡有。它們不僅「菇」多勢眾，外貌多樣，名氣更是響叮噹，火鍋明星金針菇、媒體寵兒巨大口蘑、民間美食雞肉絲菇、日本國寶級菇類「松茸」，都是它們的成員。不過，可別以為它們個個美味好吃，此科野菇中還有許多不是太小，就是味道不佳，並無食用價值，有些甚至還是碰都碰不得的毒菇呢！

小檔案

分布：世界泛布；台灣全島均有分布
種類：107屬2356種；台灣有41屬126種
分類：傘菌目口蘑科Tricholomataceae

菌褶
多凹生、直生至延生，罕離生；孢子印多白色系

菌蓋
形狀多樣，多平展

質地
肉質，易腐爛

顏色
多樣

●主圖：巨大口蘑 *Tricholoma giganteum* Massee，菌蓋10~30cm寬。

傘菌世界的龍頭老大

△菇體肥厚且碩大的巨大口蘑，已人工栽培成功，名為「金福菇」。

口蘑科為傘菌目最大且最多樣的一科，傘狀、肉質的菇體，中生的菌柄，以及白色系的孢子印，是一般成員的模樣，只有少數種類菌柄側生，或是子實層非褶狀而呈孔狀，至於無柄的種類則相當罕見。另外，菌柄上也只有少數種類長有菌環，或是基部處長出了假根狀的菌索。

在台灣目前發現的126種口蘑科成員，散布於平地到

△菌柄側生的脈褶菌（上）與有孔無褶的叢傘絲牛肝菌（下）都是口蘑科的異類

體型
小至大型均有

菌柄
中生，少數偏生或側生，罕無柄，基部無膨大或菌托

△中海拔腐木上常見的鐘形干臍菇具有典型口蘑科傘形柄中生的特徵

高海拔森林中，有的成員喜歡單獨出沒，有的喜歡成群聚生，有的還會形成仙女環狀的菌輪，如硬柄小皮傘、花臉香蘑等。

△枯枝落葉間冒出的微皮傘屬菇類

而本科的成員多數為腐生菌，木生性與土生性均有，常可見自土表、草地、枯枝落葉、毬果、腐木間冒出。不過也有少數成員為寄生菌，如蜜環菌等，寄主除了活樹幹外，甚至還能寄生在其他菇體上；另外，還有一群成員為共生菌，如松口蘑、皂味口蘑等，它們會與樹木的根部形成共生關係，即所謂的外生菌根菌。生長習性之多采多姿，正呼應了這個野菇大家族成員的多樣化！

世界上最大的活生物

1992年時，真菌專家曾於美國密西根山區的森林裡，發現菌絲面積覆蓋達600公頃大的巨型蜜環菌，*Nature*

△以分解腐木維生的蜜環菌

△常於草地上形成仙女環的硬柄小皮傘

雜誌更將其比喻為世界上最大、最老的活生物。原來這株創紀錄的野菇，屬於口蘑科的一員，正式學名為球蜜環菌*Armillaria bullbosa*，它大約自1500年前便從極微小的孢子開始自己的生命歷程，靠著菌絲的不斷繁殖，在地底下擴張疆土，形成綿密的菌絲網。更令人吃驚的是，8年後真菌專家於奧立岡州又發現了另一株更大、更老的蜜環菌，直至今日為止，它已存於地球上超過2600年了，而且全株面積更寬達900公頃大。其實若不是真菌專家靠著分子生物學技術檢驗取樣的遺傳基因，大概也無法發現林地下隱居著這樣奇特的生物吧！

有趣的發光小菇

在日本小笠原島有項著名的「尋菇」觀光活動十分特別。原來當地人在入夜後，會帶領觀光客進入竹林，觀賞林內美麗的幽幽小綠光。但這可不是螢火蟲的傑作喔！而是口蘑家族的一員——發光小菇的精采演出，白天看到它們時，並不太起眼，

△長在腐竹稈上的發光小菇，白天並不起眼。

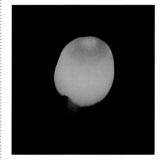
△夜晚發光的發光小菇

但是一到晚上可就令人驚豔不已了。其實台灣也能體驗此情此景，只要在梅雨季過後的夜晚，到竹林下找找，或許就能發現傳說中的「綠光」呢！

其實口蘑家族中還有叢傘絲牛肝菌、鱗皮扇菇及蜜環菌的菌索與菌絲也能發光。一般認為它們發光主要是為了吸引趨光性昆蟲來幫忙傳播孢子。有趣的是，以前有人還會蒐集這些發光菇類，放在穀倉內當作照明之用，因其是冷光不會發熱，當然也不怕引起火災。

菇類有根？也有藤？

咦！這個菇類怎麼長根了？沒錯，有些菇類的菌柄下方的確會有細長的根狀物，稱之為「假根」，那是由菌絲體成束形成的，單條不分支。這個假根就像菇類的地下鑽土機，主要功用是利於破土（或木）鑽出，以便撐開菌蓋形成菇體。

口蘑科成員中有假根的種類還不少，如蟻巢傘的假根連到地下的白蟻巢，長根小奧德蘑的假根則連到地下的腐木。

△長根小奧德蘑全株挖出後，可見下方的假根。

△枝狀微皮傘四周雜生的「藤蔓」，其實是它的菌索。

此外，有些菇類生長的基質四周，還可見密密麻麻的「藤蔓」四處盤生，這也是由菌絲體緊密成束形成的，稱之為「菌索」，通常質地柔韌，呈分支網絡狀，頂端罕見菌蓋，其主要功用不僅在於擴展領域，更在於累積養分，以便度過環境惡劣的時期，等到環境條件適宜時再長出菇體，繁衍下一代。口蘑家族中有些蜜環菌屬（*Armillaria*）、微皮傘屬（*Marasmiellus*）及小皮傘屬（*Marasmius*）的成員便可見此現象。

日本人不吃不瞑目的松茸

松茸可謂口蘑科所有可食用菇類中的「超級明星」，在日本更被列為國寶級的珍貴食用菇，日本人終其一生一定要吃到松茸，不然死不

△日本松茸的孿生兄弟——台灣松口蘑

瞑目，由此可見它的魅力。

松茸之所以珍貴，一來因其多於秋季出菇，產期不長，再則因為土棲共生菌，不易人工栽培。近年來，韓國、中國外銷到日本的松茸雖然與日漸增，不過因產期接近，所以價格都差不多。十幾年前，台灣曾在1月份左右，輸出十幾公斤的生鮮松茸至日本，這是因為在台灣高山的二葉松林之中，也生長著一種名為台灣松口蘑的野菇，它可是松茸的變種，味道和松茸不相上下，而且還可於冬季採收，所以當時市價高達每公斤10萬元台幣，也就不足為奇了。

白蟻賞賜的山間鮮味 ——雞肉絲菇

夏季雷雨過後的夜晚，有經驗的採菇人會帶著手電筒及布袋來到林下穿梭，他們找尋的就是味道鮮美、卻可遇不可求的台灣之菇——雞肉絲菇。運氣好時，可採掘到百來斤，採到之後必定趕緊分送親朋好友嘗鮮，這可是有錢也吃不到的人間美味呢！

雞肉絲菇是一種和白蟻形成共生關係的口蘑科菇類，它們可說是白蟻培養出來的獨門美饌，因而又稱「蟻巢傘」，人類至今還無法以人工栽培。

它們和白蟻之間的互利關係為：當白蟻啃食到有雞肉絲菇孢子黏附的木材，並將其吐出製作蟻巢時，孢子便乘機發芽形成菌絲，以吸收蟻巢上的養分生長，而白蟻則取其菌絲補充不足的蛋白質。一旦蟻巢快廢棄時，菌絲便會大量增生，迅速形成尖硬假根與菌蓋，從蟻巢往地面鑽生，一旦到達地面便冒出菇體、傳播孢子。所以我們有機會吃到雞肉絲菇時，可得感激白蟻的功德。

爹娘也不認得的 栽培種金針菇

全身雪白，纖細瘦長，加上丁點個頭的小菇，在市場上一年到頭皆可碰到，人人都認識它，它就是金針菇。可是有趣的是，若有機會在野外碰到它野生的模樣，每個人第一個反應就是根本都不像，誰叫市場上

△金針菇栽培種

△金針菇野生種

金針菇的印象如此深印腦海呢？

金針菇的正式學名為*Flammulina velutipes*（Curt.: Fr.）Sing.，菌蓋中小型，淡黃褐色，濕時黏滑，菌柄較短，暗褐色具絨毛，秋至春間，常簇生於中、高海拔森林內的腐木上。然而人工栽培的金針菇，因沒有受到光照，所以全株白白的，加上被局限在人為的狹窄空間內，菌柄拚命伸長，等到一定長度時就被採收，菌蓋連發展的機會都沒有，所以才會有著這樣一副爹娘也不認得的怪模樣了。

△ 美味可口的 雞肉絲菇料理

◁ 從地底伸出的蟻巢

鵝膏

別看這一支支傘狀的鵝膏，模樣和一般傘菌沒啥差別，它們之中有些可是身懷劇毒，讓你一吃就算沒送命，也得受些折磨，因此也有人稱此科菇類為「毒傘科」。原來鵝膏科成員裡，除了極少數可食，多數都具有毒性，可說是毒菇的大本營，就連童話故事中常出現的毒菇造型，也是取材自此科的一份子──毒蠅傘！喜歡野外採鮮的饕客，可得睜大眼睛，多留意留意這些危險份子。

小檔案

分類：傘菌目鵝膏科Amanitaceae

種類：2屬220種；台灣有2屬37種

分布：世界泛布；台灣全島均有分布

菌環
多膜質，
易脫落

菌蓋
鐘形至平展，表面
平滑或有碎片殘留
物，蓋緣全緣或具
條紋，無黏性

菌柄
中生，易與
菌蓋分離

菌托
多有，或具
膨大基部

◇鵝膏屬的亮茶色蛋鵝膏，基部的
花苞狀菌托十分明顯易見。

體型
多中至大型

70

●主圖：紅托鵝膏*Amanita rubrovolvata* Imai，菌蓋2~4cm寬。

△菌褶離生，菌柄具菌環或菌托是鵝膏屬外觀上的主要特徵。

——顏色
樸素到鮮豔都有

質地
肉質軟脆

菌褶
離生；孢子印多白色系，少數為淡黃色系

同門兄弟兩個樣

鵝膏科菇類主要分為兩支，其中鵝膏屬（*Amanita*）的成員，不僅佔了九成的比重，且許多世界著名的毒菇皆系出此門。鵝膏屬菇類初生時多似鳥蛋，隨著菇體成熟，菌蓋逐漸平展，離生的菌褶明顯可見，而拉長的菌柄表面，常有著明顯的菌環，最特別的是，菌柄基部常膨大如球莖，或是由花苞狀的菌托包住。

不過另一分支——黏傘屬（*Limacella*）成員和鵝膏屬在外觀上差異很大，此屬的

△鳥蛋狀的鵝膏屬初生蕈

△伸出菌蓋的初生鵝膏

△菌蓋平展，菌柄拉長的成熟鵝膏。

71

△低海拔林地上常見的角鱗灰鵝膏，菌柄上可見明顯的菌環，且為具神經性毒性的毒菇。

菌蓋或菌柄多具黏性，因而得名，且菌柄上也不見菌環及菌托，或是有些種類的菌環不明顯。此外，黏傘屬和鵝膏屬在食用性上相比，顯得溫和親善得多，大多種類不僅無毒還可食用。

△氣候潮濕時，可見黏傘屬的污黏傘菌蓋表面呈濕黏狀。

探訪鵝膏的故鄉

不想命喪毒菇大本營，當然就得好好認識一下鵝膏科成員出沒的習性。在台灣，從平地到中、高海拔森林，都可發現它們的蹤跡。常見單株或零散自地面冒出，其中鵝膏屬菇類絕大多數為土棲共生菌，喜與殼斗科或松科樹木的根部形成共生關係，屬於外生菌根菌，所以多可於這些樹種附近的林地上發現，而另一個黏傘屬菇類雖也常見自林地或草地上冒出，卻是屬於土棲腐生菌。

童話裡的毒菇主角
——毒蠅傘

刺紅大傘上點綴著白白的鱗片，粗粗的白色菌柄上有著明顯的菌環，基部則膨大呈球莖形，這是西方童話故事中典型的毒菇造型，其實它的本尊名為毒蠅傘，屬於鵝膏科的一員，因含有毒蠅鹼等神經毒素，具殺蟲之效，為蒼蠅剋星而得名。

此外，或許因為它的菌蓋表面密布隆起物，看似癩蛤蟆的皮膚，加上具強烈毒性，因此又有「蛤蟆菇」的別

稱。所有毒菇的英文通稱toadstool，意為「癩蛤蟆（toad）的凳子（stool）」，大概也跟上述的聯想有關吧！

再者，毒蠅傘雖具毒性，但不會置人於死地，食用後會讓人感到昏眩、噁心，甚至引起腹瀉，不過因為小劑量使用具有迷幻或安眠的作用，所以古代一些宗教儀式中曾被應用做為祭典食用菇，而德國民間還將其浸入酒中，用以治療風濕。

世界各地的松樹、雲杉、樺樹林地內皆可發現毒蠅傘美麗的蹤跡，但台灣目前尚無野外發現紀錄，不過倒有種稱為紅托鵝膏的野菇，其外觀和毒性都與毒蠅傘十分相似。

招魂天使
——鱗柄白毒鵝膏

炎夏時，若在郊山的殼斗科樹木附近的林地上，發現白色、中型且菌褶離生的傘菌，可得多加小心，因為很有可能是遇上了外號「招魂天使」或「致命天使」的鱗柄白毒鵝膏。

它們在毒菇界算是冷面殺手，外貌平淡無奇，卻隱藏著致死的劇毒，打破了人們對毒菇色彩鮮豔的迷思。因其毒傘屬於肝損害型，食用後會嚴重損害肝、腎、心臟及大腦的機能，加上誤認率也很高，所以致死率也相對飆高。

△純白美麗的鱗柄白毒鵝膏，卻是個帶有劇毒的毒菇。

毒門異類
——可食性鵝膏

鵝膏屬雖以毒菇著稱，然而可食鵝膏與亮茶色蛋鵝膏可算毒門中的異類，它們為此屬中極少數可食用的菇類。不過建議在野外若是遇到菌褶離生、同時具有菌環或菌托的菇類，最好還是不要採食，因為百分九十五以上擁有此類特徵者皆為毒菇。

△台灣低、中海拔林地上常見的紅托鵝膏，也有著童話中的毒菇造型。

△可食鵝膏味道鮮美

粉褶菌

「好可愛！」享受森林浴，悠閒漫步林間小路時，常會被粉褶菌科野菇吸引而忍不住發聲讚嘆。亭亭玉立的菇體，扣了頂小尖帽，帽頂偶爾還有個小扣釘似的尖突物，身型環肥燕瘦，各有姿色。最特別的是，它們背面菌褶內孕育的孢子常是小女孩最愛的粉紅色系，也因而得名。不過，這個外貌討喜的野菇家族，可不是餐桌上受歡迎的角色，它們大多有毒，僅少數可食用，真可謂「中看不中用」了。

小檔案

分類：傘菌目粉褶菌科Entolomataceae

分布：世界泛布；台灣全島均有分布

種類：7屬1074種；台灣有2屬21種

菌蓋
多錐形，有些平展至漏斗形，表面多平滑或覆有鱗片

質地
薄質至肉質

體型
小至中型

菌柄
多中生

●主圖：尖頂粉褶菌 *Entoloma murraii* (Beck. & Curt.) Horak，菌蓋1.5~2.5cm寬。

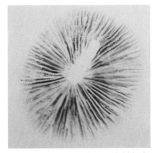

△粉褶菌科成熟的擔孢子為粉紅色系，也因而孢子印呈現美麗的粉紅色澤。

菌褶粉紅的可愛菇族

粉褶菌科成員多半個頭嬌小，菌蓋呈錐形，而且以前稱為赤褶菇科（Rhodophyl-laceae），可想而知，帶有粉紅色澤的菌褶，便是這個家族的註冊商標。在台灣，從平地的草地，到冷涼的中、高海拔森林裡，都可找到粉褶菌們的蹤跡。此科全體成員均屬於腐生菌，著生的基質從土壤、腐木、枝葉層都有，在整個生態系中，默默扮演著分解者的角色呢。

△灰肉色粉褶菌多生長於草地間，菌蓋表面可見明顯纖維絲條。

△光澤粉褶菌全株具藍黑色澤，獨特而美麗，又名藍黑赤褶菇。

菌褶
凹生至延生；孢子印多
粉紅色系

顏色
多樣，有些
種類鮮豔

▷ 中海拔林地常見的絹狀粉褶菌，外型嬌小，質地細緻光滑，十分可愛引人。

小尖帽和軟呢帽比一比

粉褶菌科主要有2屬：粉褶菌屬（*Entoloma*）和斜蓋傘屬（*Clitopilus*），其中九成以上的成員（約1000種）都歸粉褶菌屬（舊稱赤褶菇屬*Rhodophyllus*），此屬色彩相當多樣，有些顏色鮮豔，有些全身一副謎樣的青紫色調，而草地生的粉褶菌屬菇類，則多為樸素的灰褐色系，且菌蓋表面常布有鱗片。

相對的，斜蓋傘屬（全世界約有25種）的外型則十分不同，如果形容粉褶菌屬菇類像戴著小尖帽的森林小精

△斜蓋傘屬菇類多不具明顯菌柄

靈，那麼斜蓋傘屬菇類，就像斜戴軟呢帽的小小藝術家，不知情的人，絕對很難相信兩者系出同門。以下就來看看兩者在外觀和微細特徵上主要的差異。

❶ **菌蓋**：粉褶菌屬多為錐形，斜蓋傘屬多為扇形。

❷ **菌柄**：粉褶菌屬的菌柄多細長、中生；斜蓋傘屬則幾乎不具菌柄，或只具側生的短菌柄。

❸ **擔孢子**：粉褶菌屬為多角形；斜蓋傘屬為橢圓形，具縱紋。

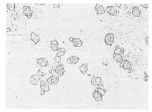
△粉褶菌屬的擔孢子呈多角形

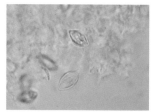
△斜蓋傘屬擔孢子多橢圓、具縱紋

△粉褶菌屬菇類具有典型的傘狀菇體外型

形影不離的
粉褶菌姐妹花

　　台灣常見的粉褶菌科菇類中，有對形影不離的姐妹花——方孢粉褶菌與尖頂粉褶菌，它們都是夏、秋兩季低、中海拔林地常見的粉褶菌科成員，且常同時出現在不遠處，身材差不多，顏色都很鮮豔，擔孢子也同是四角形，好在一個是橘紅，一個是鮮黃，不然可讓人迷惑難辨了。

▷ 亮黃色的
尖頂粉褶菌

△ 橘紅色的方孢粉褶菌

孢子印簡易分類法

　　造型似傘的傘菌目野菇，很難光靠外表來分門別類，不過有個妙方卻可以簡單輕鬆分出三個大類，即利用孢子所造之物——孢子印的顏色。

　　以粉褶菌來說，所有傘菌中，具有這樣獨特的粉紅色孢子印者，也只有它們和後面要介紹的光柄菇科，所以如果做出粉紅色系孢子印，再拿出顯微鏡觀察一下擔孢子是否為多角形，如果是，那麼十之八九便是粉褶菌家族的成員，這樣的方法，是不是既有效率又很科學呢？

　　下面列出傘菌目中三大類孢子印顏色所含括的科別，提供分類上初步判別之用。

孢子印粉紅色系	粉褶菌科 光柄菇科
孢子印白色系	蠟傘科 口蘑科 鵝膏科 環柄菇科 側耳科
孢子印褐色系	傘菌科 鬼傘科 糞傘科 球蓋菇科 靴耳科 絲膜菌科

光柄菇

從名稱上就可想見光柄菇科野菇最大的特色，即是所有成員的菌柄都光溜溜的，不具菌環。其中，最赫赫有名的，莫過於以馨香濃郁、味鮮爽口著稱的美味食用菇——「草菇」了。只不過因為人們貪圖它的幼蕾肉質細嫩鮮美，在菇體尚未成熟時，便趁鮮採收烹煮，所以一般人很少看到草菇成熟的模樣，更別說知道它有個光滑的菌柄了。

小檔案

分類：傘菌目光柄菇科Pluteaceae

種類：6屬874種；台灣有2屬11種

分布：世界泛布；台灣全島均有分布

菌蓋
多為初鐘形後平展，表面平滑或覆有鱗片

體型
多小至中型

菌柄
中生，表面光滑

質地
多肉質

●主圖：小包腳菇*Volvariella volvacea* (Bull.: Fr.) Sing. ，菌蓋5~12cm寬。

△小包腳菇即俗稱的「草菇」，味
道鮮美，營養價值高。

顏色
多灰至暗
褐色系

菌褶
離生，粉紅至淡紅褐色；
孢子印多粉紅色系

菌托
小包腳菇屬多具，
光柄菇屬則多無

穿不穿鞋有差別

　　這些小至中等身材的光柄菇科，有著傘狀的外觀，離生的菌褶，而光滑不見菌環的細長菌柄，更是它們的註冊商標，也因此得名。全世界共有 6 屬，其中小包腳菇屬（*Volvariella*）和光柄菇屬（*Pluteus*）更是其中兩大門派，而台灣也僅發現記錄此 2 屬菇類。

　　外觀上，小包腳菇屬的菌柄基部常被菌托「包」住，像穿了包鞋般，因而得名。

△亞鐵羅小包腳菇的初生葟菌托明
顯可愛

　　相對的，光柄菇屬的菌柄則顯得光溜溜的，什麼也沒包。不過若是取其菌褶切片放到顯微鏡下視察，光柄菇屬

△矮小包腳菇體型雖小，「腳」上的包鞋卻也少不了。

△低海拔腐木上常見的暗灰光柄菇，屬於光柄菇屬，菌柄上光溜不見菌托。

的囊狀體表面反倒常見三至五角形的突起物，和小包腳菇屬的相比，可就不那麼光滑了。

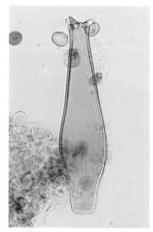

△顯微鏡下，光柄菇屬的囊狀體常具三至五角形突起。

尋訪光柄菇的故鄉

　　台灣發現的小包腳菇屬和光柄菇屬成員約有11種，它們分布的區域很廣，從住家附近一直到高山地區，甚至海岸防風林地上均可發現它們的蹤跡。而兩者不僅外貌相異，就連生息的環境也都有所區分。

　　其中光柄菇屬不愛拋頭露面，喜歡躲在暗處腐木堆裡，而且腐木越腐朽，就越容易發現它們的身影，所以多被歸為木棲腐生菌。然而，

△喜躲藏於郊山腐木間的黃光柄菇，為光柄菇屬的一員。

造型特殊的小包腳菇屬相較之下就較常露臉，它們屬於土棲腐生菌，喜歡生長在有機質成分高、養分豐富的土壤中，如腐草堆、腐木屑堆或是盆栽土。

美味營養的草菇

名字有趣的小包腳菇，其實就是一般俗稱的「草菇」！它們原產於熱帶、亞熱帶地區，常可於有機質成分高的腐木屑堆中發現野生的菇群，到了清代時，中國農民開始以稻草堆肥進行人工栽培，因而得名，之後甚至外銷至國外，因此還被稱為「中國蘑菇」。

市場上常可見一個個形似鳥蛋、吃起來肥嫩鮮美的草菇，其實是尚未成熟的初生蕈。等到快成熟時，黑褐色的菌蓋便會從膜狀的菌托破膜而出、逐漸開展，並伸出白色的菌柄，只不過一般人大概少有機會看見它們成熟的模樣吧。

此菇不僅味美，營養價值也很高，自古以來在中國便被視為珍貴的補益藥材，古

△營養美味的草菇料理

書中記載其「性寒、味甘，能消食去熱，增進身體健康」，而明清時代更因專供皇帝享用，稱之為「貢菇」。

時至今日，營養科學界也已經證實草菇中的蛋白質含量高，其中包含了人體所需的胺基酸達8種之多，而且維生素C的含量也較許多蔬果高出好幾倍；此外，它還含有一種可以

△草菇成熟後菌蓋開展的模樣，一般人多半認不得。

抗癌的異蛋白成分。所以多食用草菇，不僅可以滿足口腹之欲，還能改善體質、提高免疫力、降低膽固醇，以及增強人體的抗癌能力，真可謂菇雖小卻妙用多多。

粉紅孢子印比一比

傘菌目菇類中除粉褶菌科外，還有光柄菇科的菌褶也是粉紅色系的，所以有時兩者會被弄錯，其實只要仔細觀察，便能發現光柄菇科的菌褶為離生，即菌柄與菌褶相離不相連，與粉褶菌科菌褶凹生至延生並不相同。

此外，同為傘菌目的菇類中還有鵝膏科、環柄菇科、傘菌科、鬼傘科、糞傘科的菌褶亦為離生，不過只有光柄菇科的孢子印為粉紅色系的，所以相當容易區辨。

△光柄菇科的菌褶多為離生

△粉褶菌科的菌褶多為凹生

環柄菇

環柄菇科的造型簡直就像小雨傘的化身！細長的菌柄托著大大的菌蓋，蓋上還常可見到如傘骨般的條紋，而且往往雨後便一個個急冒出頭，彷彿是為路過的小生物好心準備歇腳處似的。話說回來，此科的成員卻有許多是碰不得的毒菇，其中還有個出了名的毒菇狀元——綠褶菇，在台灣菇類中毒事件中，八九不離十都是它的傑作呢！

小檔案

分布：世界泛布；台灣全島均有分布

種類：7屬420種；台灣有5屬38種

分類：傘菌目環柄菇科Lepiotaceae

菌蓋
半球形至平展，表面平滑或覆鱗片，蓋緣全緣或具條紋

質地
肉質，易腐爛

菌褶
離生，多白色；孢子印多白色系，罕綠色系

菌環
明顯，不易脫落，有些種類還可上下移動

82

● 主圖：綠褶菇 *Chlorophyllum molybdites* (Meyer: Fr.) Massee，菌蓋5~20cm寬。

△草地間的綠褶菇又大又白,有時甚至呈仙女環狀生長,相當顯眼而易辨。

可上下移動的獨特菌環

　　白色孢子印、菌褶離生、有菌環,偶爾菌柄基部還膨大,環柄菇科外觀上的這些特徵和鵝膏科十分類似,常會讓人誤認。不過若是仔細觀察,就會發現此科成員的

△環柄菇科的菌環較不易脫落,在野外看到的機會很高。

菌蓋表面多可見條紋狀紋路,且菌托不像鵝膏科如此明顯,但菌柄上的菌環相對較明顯持久且不易脫落,因而得名。更特別的是,有些種類的菌環還能在菌柄表面上下移動,煞是有趣。

尋訪環柄菇的故鄉

　　在台灣,從住家附近的草地、庭園花圃,一直到冷涼的中、高海拔林地裡,都可找到環柄菇科的身影。它們多為土棲腐生菌,有些成員喜歡生長在開闊的草地,如

顏色
多乳白至褐色系

體型
小至大型

菌柄
中生

△住家附近常可發現的珠雞斑白鬼傘,菌蓋表面多可見明顯條紋。

綠褶菇屬（*Chlorophyllum*）、白環蘑屬（*Leucoagaricus*）與大環柄菇屬（*Macrolepiota*）菇類，有些成員則比較注重隱私，喜歡躲在枝葉層間隱密生長，一旦見光馬上垂頭喪氣，全株乾縮、變醜，如白鬼傘屬（*Leucocoprinus*）和環柄菇屬（*Lepiota*）菇類。

△纖小的白鬼傘屬菇類多躲藏於林間隱密處生長

△高大環柄菇全株高可及膝，外觀十分引人注意。

令人目瞪口呆的洋傘菇

環柄菇科成員的體型從小到大都有，其中白鬼傘屬的體型較小，多屬中小型菇類，單薄、條紋狀的菌蓋，纖細的菌柄，一副弱不禁風的模樣。而綠褶菇屬和大環柄菇屬相較之下個頭就大多了，不過多數種類頂多手掌大就顯得醒目，但假如有幸看到高大環柄菇這位環柄菇科成員，它那高過大人膝蓋的菌柄，大若人臉的菌蓋，帶給視覺上的震撼力，定會讓你目瞪口呆，不禁懷疑是否誤闖巨人國，甚至想將這把外號「洋傘菇」的大傘菌拿起來撐撐看呢！此外，高大環柄菇還是環柄菇中少見可食的種類，風味頗佳，在歐洲地區深受好評，且已人工栽培成功。

苦命的「草地踢走族」

那些喜歡開闊草地的環柄菇科成員，因其菇體初生時形狀像顆小球，尤其綠褶菇的初生蕈看起來簡直就像高爾夫球場上架好準備讓人揮

△小球狀的綠褶菇初生蕈

擊的小白球，所以不管大人小孩一看見，常會忍不住腳癢，快走幾步，大力一腳踢飛，也因此想在草地上找到完好如初的綠褶菇可是難上加難，通常只能看見它菇離破碎、慘不忍睹的模樣了。

碘液見真章

想知道是否懷孕，用驗孕劑一驗，5分鐘答案就揭曉。若想確定是不是環柄菇科的成員，同樣也有個妙方！

原來在顯微鏡下，環柄菇科的擔孢子有一特異現象，就是原本無色的擔孢子，一旦遇到褐色碘液（稱為梅蘭氏液），會變成紅棕色，專業術語稱之為「類糊精質反應」；然而其他傘菌放入此試液中大多不會變色，或是僅有少數會變藍色，稱之為「類澱粉質反應」。所以，如果下次懷疑是否為環柄菇科的一員，試試這個方法答案即便分曉。

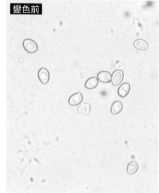
變色前

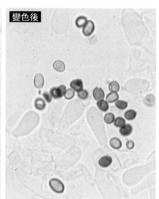
變色後

△環柄菇科的擔孢子滴入梅蘭氏液後會變色為紅棕色

仙女環的美麗傳說

夏季早晨起床時，有時會在庭院草地上，發現成群野菇似畫圓圈般冒出，相傳這是仲夏夜時，森林中的小精靈或小仙女造訪當地，並在草地或圍繞著大樹，手拉手圍圈圈通宵跳舞，所以隔天地上就冒出了整群圓圈狀的野菇，也因此人們便稱這些菇類為仙女環或菌輪。許多土棲腐生性的菇類都具有這種生長特性，原來這是它們埋藏於草地內的菌絲，不斷由內向外等速擴展，等到環境條件適合時，最外圍、最具活力的菌絲便發菇長出子實體，而且只要空間夠大，仙女環的直徑可以不斷擴展，甚至寬達幾百公尺；惟台灣因地窄人稠，空間受限，很難有正圓形菇群出現，大多僅呈半圓形狀。

△仙女環傳說常是西方繪畫的主題之一

傘菌

　　想勾勒出傘菌科成員的大概模樣，很簡單，到市場找顆洋菇就成了。傘形的身影，略顯肥碩的菌蓋和菌柄，肉質看來細嫩鮮美，事實上，傘菌的確多數美味可食，其中最常入菜的便是那一顆顆粉白、可愛的洋菇了。不過你恐怕不知道，在台灣春、秋季的雨後，也能在住家附近或郊山的開闊草地上，尋得這樣的美味。原來那是洋菇的孿生兄弟，而這個野生菇也就是大名鼎鼎的「蘑菇」本尊喔！

小檔案

分類：傘菌目傘菌科Agaricaceae
種類：44屬498種；台灣有2屬11種
分布：世界泛布；台灣全島均有分布

菌蓋
多平展，表面平滑或覆有鱗片

體型
中至大型

顏色
多白或褐色系

菌環
膜質，
明顯

菌柄
中生，易與
菌蓋分離

●主圖：蘑菇*Agaricus campestris* L.: Fr.，菌蓋4~8cm寬。

△傘菌科為傘菌目中具褐色孢子印的一群菇類

質地
肉質

菌褶
離生,幼淡紅色,成熟轉為巧克力至紫褐色;孢子印褐色系

熟不熟看菌褶便知道

傘菌科可說是名副其實的「傘菌」。傘形的菇體,肉質豐厚柔軟,菌蓋表皮因主要為平伏菌絲組成,所以多半平滑或稍具粉鱗,而菌柄上則常見明顯的薄膜狀菌環,初生蕈時菌環與菌蓋邊緣還會相連,等到菇體成熟才破裂開來,殘留於菌柄上

△傘菌科初生時常見菌環與菌蓋邊緣相連,且菌褶顏色較粉嫩。

。此外,菌蓋背面離生的菌褶,初生時為粉嫩的淡紅色,等到菇體成熟孢子釋出之後,便逐漸轉深呈濃濃的巧克力褐色,所以下次在市場買洋菇時,想知道它們到底新不新鮮,翻開菌褶看看,答案便揭曉了。

台灣傘菌家族的熟面孔

傘菌科成員多屬土棲腐生菌,它們靠著分解土壤內的有機碎屑維生,可說是草地、森林生態系中重要的「清道夫」。

在台灣,從住家附近、郊山,一直到中、高海拔森林裡,都有它們落腳之處。其中除了蘑菇最讓人耳熟能詳

△低、中海拔闊葉林地上常見的細鱗蘑菇,為傘菌科中少數有毒的種類。

外，細鱗蘑菇和球莖蘑菇這兩種野菇，更是台灣林地裡常可遇見的傘菌科成員。所以身為賞菇新手，想要了解傘菌，可得好好認識這兩位熟面孔。

說到細鱗蘑菇，中型的菌蓋表面密生褐至黑褐色纖毛細鱗，因而得名，它們常讓人誤歸為環柄菇科的一員，不過只要翻開背面，看見紫褐而非白色的菌褶，就可確定是傘菌科成員了。再者，此菇還是傘菌科中少見具有毒傘的菇類，一旦誤食會出現腸胃型中毒症狀，在野外須小心辨識。

另外，菌蓋如碗公大的亮黃色球莖蘑菇，老熟後全株顏色會轉深，在林地上散生的模樣十分顯眼，而且挖出全株後，可見其菌柄基部膨大如球莖，因而得名。

△常於中海拔闊葉林林地上冒出的球莖蘑菇，又名林地蘑菇。

△蘑菇喜生長於草地，故英名稱為meadow mushroom，口感滑嫩好吃，深受好評。

△人工栽培的洋菇，外觀和野生蘑菇無異。

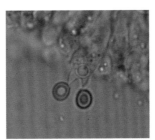

△洋菇的擔子柄上僅具2個孢子，屬於二孢型擔子菌。

洋菇＝蘑菇？

一般人看到可食的菇類，常會通稱其為蘑菇（mushroom）。其實「蘑菇」的本尊，應該專指生長在肥沃草地上一種學名為*Agaricus campestris* L.: Fr.的野生傘菌，而市場中販售的洋菇，和蘑菇就像一對雙胞胎，口味也很類似，光靠肉眼是無法區辨兩者的。若是想要弄清楚這對雙胞胎的身分，就須利用顯微鏡觀察其中的差異：蘑菇擔子為四孢型，而洋菇為二孢型，也因此在分類上洋菇的正式中名為雙孢蘑菇，學名為*A. bisporus*。

說到洋菇，它可是歷經長期培育的品種，至今已經很難追溯出它的前身是誰了。

這種菇類喜歡陰暗潮濕的環境，古早以前法國人便因此特性而利用隧道或廢棄礦坑來栽培洋菇，後來逐漸進步到以菇寮或環控生長室來栽培。不過也因此英文mushroom一字中的mush雖有著許多含意，但最常被譯成「胡扯閒聊」，這是源自傳統菇寮多半黑漆漆的，而洋菇寮更黑，所以在裡面工作的人也只能胡扯閒聊度日了，是不是很有趣呢。

傘菌家族的異類

全世界半數左右（約200種）的傘菌科成員屬於傘菌屬（*Agaricus*，或稱蘑菇屬），在台灣發現記錄到的傘菌，更是八九不離十都歸於此屬。不過，傘菌科中有個讓人頭痛的分支——褐傘屬（*Phaeolepiota*），它因孢子印顏色較淡呈黃褐色，且孢子的表面多不光滑，與典型傘菌科成員不太相同，所以分類歸屬始終不定，常讓人望菇興嘆，不知如何是好。

還好此屬在台灣只有金黃蓋褐傘一種，主要生長於中海拔闊葉林地上，金黃色的大個頭，有時還整群大量出現，好不壯觀，若用手摸摸，菌蓋上滿覆的金黃色粉粒狀物，還會沾滿指端，令人印象深刻。

△褐傘屬的金黃蓋褐傘，帶有金黃色澤的菇體全株密覆粉末。

鬼傘

咦！這裡的菇呢？怎麼變成了一灘黑水？不死心再找找，還是找不到，真是掃興！不過不要太傷心，並非閣下記性不好，而是你遇到鬼傘科成員了。它們無所不在，只不過有點短命，常讓人有種來去匆匆、朝生夕死的感覺，所以又被稱為「一夜菇」；其中有些成員還帶點自虐的性格，時候到了整個菌蓋會像變魔術般化成一灘墨水，所以也有「墨水菇」的別稱呢。

小檔案

分類：傘菌目鬼傘科Coprinaceae

分布：世界泛布；台灣全島均有分布

種類：7屬764種；台灣有6屬38種

質地
肉質，軟脆

菌蓋
較薄，多圓錐形或平展，表面常具溝紋

菌環
多無

菌柄
中生，常中空，質脆易斷

90

● 主圖：簇生鬼傘 *Coprinus disseminatus* (Pers.: Fr.) S. F. Gray，菌蓋0.8~1.5cm寬。

△鬼傘科獨特的黑色孢子印

體型
多中至大型

菌褶
離生至近延生，初淺色，
後變褐至黑色；孢子印褐
至黑色系

顏色
多為白或
黃褐色系

溶不溶有差別

　　鬼傘科成員的生命週期較短，只有區區數天。圓錐形的菌蓋不大且薄，表面常可見溝紋，菌柄多細長，而背面密生的菌褶，使得製成的黑色孢子印形狀十分獨特。

　　更特別的是，其中佔了全科大約一半成員的鬼傘屬（*Coprinus*，約350種）菇類，有個獨特的本領——成熟時菇體會自溶呈墨汁狀，僅殘留一支細長的菌柄。至於其他常見的 2 屬成員——

△毛頭鬼傘初生時菌蓋白色，狀似雞腿，故又稱「雞腿蘑」。

△32個小時之後，毛頭鬼傘的菌蓋開始自溶。

△24個小時之後，毛頭鬼傘的菌蓋逐漸變黑加深。

△48個小時之後，毛頭鬼傘的菌蓋整個溶去不見。

△褐紅斑褶菇除了菌褶黑色、有斑點外，淡褐色的菌蓋表面還常有著褐紅色斑塊，因而得名。

小脆柄菇屬（*Psathyrella*，約375種）以及斑褶菇屬（*Panaeolus*，約25種），就沒這樣的本事了。

外觀上，斑褶菇屬與小脆柄菇屬較相近，只不過斑褶菇屬菇類的菌褶可見斑點紋，也因此得名，而小脆柄菇屬則如其名，有著肉質鬆脆、容易折斷的菇體。

▽晶粒鬼傘這種常見於低、中海拔森林步道旁的鬼傘科成員，為木棲腐生的種類。

尋訪鬼傘的故鄉

在台灣想要觀察鬼傘並不難，它們無所不在，從住家附近到寒冷的高山，都有它們的蹤跡。此科成員全為腐生菌，土棲腐生、木棲腐生，甚至糞棲腐生的種類都可找到。其中鬼傘屬的習性最廣，草地、林地、腐木、糞便堆等都是它們落腳的好處所，而小脆柄菇屬多挑腐木或枝葉層生長，斑褶菇屬則最常在糞便堆或有機質含量高的肥沃土壤上被發現。

△丸形小脆柄菇全株脆弱易碎，因而得名。

△墨汁鬼傘成熟後菌褶自溶呈墨汁狀，因此又名墨水菇。

一探鬼傘自溶的祕密

鬼傘科中就屬鬼傘屬的自溶現象，最讓人感到驚奇與不解。它們在菇體成熟時，常見整個菌蓋自溶消失，獨留細長的菌柄，或是全株變得污穢、殘破不堪，不禁讓人懷疑，它們難道是天生的「自虐狂」嗎？

其實並非如此。原來鬼傘屬菇類菌褶內的孢子不似其他傘菌是同時成熟散發的，而是由菌蓋邊緣朝中央依序逐漸成熟，加上圓錐形的菌蓋相當不利孢子的散發，所以它們想出這個奇特的方式——自溶菇體，這樣

一來，墨水般的孢子液便可以順著菌蓋邊緣滴落，一旦沾到附近停留的昆蟲，就能藉機將孢子傳播出去。現在你知道，它究竟是個「天才」還是「自虐狂」了吧！

搖頭菇

毒菇中有些毒素成分會作用於人類的神經系統，讓吃過的人產生意識不清、幻覺的現象，感覺和吃到毒品「搖頭丸」有些類似，因而被稱為「神經性毒菇」、「幻覺型毒菇」或「搖頭菇」。鬼傘科斑褶菇屬中便有多位成員屬於這類毒菇，在台灣則以蝶形斑褶菇與褐紅斑褶菇最為常見，其他有些種類的外觀甚至酷似鬼傘屬，所以想要採食鬼傘屬菇類的人，不可不慎。

△可於放牧地牛糞堆間發現的蝶形斑褶菇，外型普通，卻具有幻覺型毒性。

菇、酒相剋

鬼傘科鬼傘屬的成員多半無毒可食，其中墨汁鬼傘、毛頭鬼傘（俗稱雞腿蘑）幼嫩未變黑前，可是相當美味的食用菇，不過奇怪的是，一桌人同吃這些鬼傘後，常有人食物中毒，有人卻安然無恙！一般認為可能是個人體質不同所造成的，其實不然，問題出在食用者有無「喝酒」。

原來鬼傘屬菇類一旦遇到酒精，便會產生鬼傘素，而讓食用者出現和服用一種對付酗酒者的藥物——二硫龍（*Disulfiram*）類似的症狀：宿醉、身體不適，也因此讓喝酒變成一種很不愉快的感受，有時甚至變成很危險的事情，所以這類野菇在西方又被稱為tippler's bane（酒鬼的毒藥）哩。

菇類中許多種類具有類似的現象，下次若要享用美食，奉勸各位吃菇不喝酒、喝酒不吃菇，尤其吃墨汁鬼傘時，切記絕不貪杯，以免得不償失！

糞傘

哇塞！快跑，這個野菇家族衛生習慣不太好，怎麼以「糞」為家！這樣說恐怕不太公平，因為要不是這類生物努力分解糞便垃圾，整個地球就遭殃了，你我出門都可能中彩呢！況且，糞傘科的成員中，還有些是以活樹或腐木為家，超市裡名列珍貴食用菇的「柳松茸」便是其一，只不過它那可愛的造型，鮮美的味道，嫩脆的口感，實在讓人很難與「糞傘」聯想在一起。

小檔案

分布：世界泛布；台灣全島均有分布

種類：10屬338種；台灣有3屬12種

分類：傘菌目糞傘科Bolbitiaceae

體型
多小至中型

菌褶
多直生，黃褐至茶褐色；孢子印棕褐至土黃褐色系

菌柄
中生，常中空

94

●主圖：柱狀田頭菇（柳松茸）*Agrocybe cylindracea* (DC.: Fr.) Maire，菌蓋6~11cm寬。

△糞傘科多數成員以糞便或肥沃的有機質土壤為家,因而得名。

質地
肉質

顏色
多樣

菌蓋
鐘形至平展

菌環
田頭菇屬多有
,其他屬則較
不明顯

細看糞傘三兄弟

　　肉質的菇體,傘形的外表,中生的菌柄,黃褐至茶褐色的菌褶,是糞傘科較為典型的外觀特徵。此外,顯微鏡下觀察糞傘科的孢子,除可見多為橢圓形、黃褐色系外,還可於頂部發現一個小洞,稱之為頂生芽孔(apical pore),此為孢子發芽冒出菌絲之處。

　　糞傘科成員全世界共有10屬,其中較為知名、常見的「糞傘三兄弟」,分別是田頭菇屬(Agrocybe,約100種)、糞傘屬(Bolbitius,約20種)與最大宗的錐蓋傘屬(Conocybe,約200種)菇類。以下提供辨識要訣,方便逐一區分、認識糞傘三兄弟的差異。

　　田頭菇屬:小至大型菇類,全株肉質,菌蓋表面不具黏性,菌褶多為直生,菌柄上常可見菌環,多數種類可食。

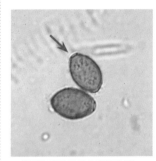

△具頂生芽孔的糞傘科擔孢子

△田頭菇外觀和柱狀田頭菇相似,但非木生,而是屬於土生性野菇。

△糞傘屬的變色糞傘，初生時菇體呈濕黏狀。

糞傘屬：纖細小型菇類，全株脆肉質，鐘形至平展的菌蓋表面具黏性，菌褶多為離生，菌柄上常無菌環，多數種類有毒。

錐蓋傘屬：纖細小型菇類，全株脆肉質，菌蓋多為鐘形，因而得名。菌蓋表面具有黏性，且菌柄上常不見菌環，這兩點特性和糞傘屬相同，但錐蓋傘屬的菌褶多為直生，而且多數種類食性不明。

尋訪糞傘的故鄉

在台灣，從住家庭園一直到中、高海拔森林內，都有機會與糞傘科成員相遇。不過一提到它們的棲所，大家多半想到要到各種排遺中去尋覓「芳蹤」。當然囉，會擁有這樣的稱號，得歸功於這個腐生菌家族的多數成員，是以糞土或有機質含量高的肥沃土壤維生，屬於土棲腐生菌。但是可別一竿子打翻整艘船，其實它們之中還是有「潔身自好」者，選擇腐木為家，甚至生長於活樹基部，屬於木棲腐生菌！

以糞傘三兄弟來說，糞傘屬菇類中糞生或土生都有；田頭菇屬的生長習性最廣，土生、木生或糞生的種類都包括了；而錐蓋傘屬菇類，則很少以「糞」為家，多數土生土長呢！

▽易脆錐蓋傘光滑的菌柄上不見菌環

假「松茸」之名

口蘑科的松茸名號實在太過響亮，因而許多食用菇都想沾沾光，例如傘菌科的姬松茸（即為食品界的當紅炸子雞──巴西蘑菇），以及糞傘科的柳松茸便都借用了這個名號呢。

其中柳松茸的正式學名為柱狀田頭菇，是一種自古以來相當受到推崇的食用菇，它們因多簇生於楊、柳樹基部，加上全株散發濃郁的松茸香氣而得此名，中國地區還曾有過於茶樹上發現的紀錄，所以也稱茶樹菇，此外

△市售的柳松茸

△市售的姬松茸（巴西蘑菇）

△溫暖的氣候，常可於住家附近的草地間，發現大量冒出的乳白錐蓋傘。

△柳松茸在野外的模樣和栽培種相差很多，常讓人認不得。

，中國的客家族群更盛傳此菇具有神奇功效，故敬稱其為「神菇」哩。現代食品營養科學也已證實此菇營養豐富且纖維含量高，久煮亦不失其脆度，是一種兼具保健和美味的食用菇類。

不過，現在市面上販售的柳松茸多以人工栽培，與成群簇生的野生母種外觀形態差之千里，一般不知情的人，根本無法認出兩者是屬於同種的菇類。

草地上的不速之客

清晨雨後，在一片茵綠的草地上，常會看見有些小型菇類東一群、西一撮散布其間。細長如幸運草莖的菌柄，小矮人圓錐帽似的菌蓋，纖細的菇影隨風搖曳，微柔的在你眼前晃動著，它們是一群糞傘科錐蓋傘屬的菇類，名叫乳白錐蓋傘，可愛的模樣實在很讓人與糞傘聯想在一起，西方更取此小巧野菇的外型和質地特色，命名為white dunce cap（白圓錐紙帽），聽來相當貼切傳神呢。

因菇體質脆易斷，動手採集得小心翼翼，且要注意別讓小孩子放入口中，因為它們可是文獻中記載的有毒菇類之一。

97

球蓋菇

如果你是菇類新手，切記別被球蓋菇科滑嫩的外表給「蓋」了，誤以為它們個個美味好吃。殊不知這個家族裡有些成員專門幻化成各種誘人的模樣，令人目眩神迷，甚至奪人性命。而名字中出現「裸蓋菇」三個字的，更是魔高一丈，人人避之唯恐不及的「魔菇一族」，因為一旦誤食，就像吃了毒品，可會讓人求生不得、求死不能呢。

小檔案

分類：傘菌目球蓋菇科Strophariaceae

種類：7屬328種；台灣有5屬22種

分布：世界泛布；台灣全島均有分布

菌褶
彎生至離生，黃褐至紫黑色；孢子印黃褐至紫褐色系

菌環
多有

菌柄
中生，罕偏生或無柄

●主圖：簇生沿絲傘 *Naematoloma fasciculare* (Hudson: Fr.) Karst.，菌蓋0.5~2cm寬。

△成簇大量冒出的簇生沿絲傘味道苦澀、毒性強，一旦誤食嚴重可致死。

顏色
多黃褐色系

質地
肉質

體型
小至大型

菌蓋
多半球形或鐘形，罕具殼形

▷菌蓋狀似栗子的近藍蓋裸蓋菇，屬於幻覺型毒菇。

細看球蓋菇三兄弟

球蓋菇科的成員外表千變萬化，唯一共同的特徵便是，菇體肉質，菌褶黃褐至紫黑色，菌蓋初生時多為半球形至鐘形，也因此得名。

此科共有7屬，其中常見有3屬，而原本應為球蓋菇科正字標記的球蓋菇屬（*Stropharia*）菇類，因人丁太過單薄（僅約15種），所以常被毒名遠播的裸蓋菇屬（*Psilocybe*，約60種）菇類喧賓奪主。至於人丁最為興旺的鱗傘屬（*Pholiota*，約150種）菇類，則因為食性較為溫和多半可食，也總是被輕描淡寫的對待。以下提供辨識要訣，方便逐一區分、認識球蓋菇三兄弟的差異。

裸蓋菇屬：小至中型菇類，菌蓋常不具黏性，有些種類甚至遭觸摸後會變色為藍黑色，另孢子印紫褐色，多數種類有毒。

球蓋菇屬：中至大型菇類，菌蓋常呈黏滑狀，顏色較鮮豔，質脆，菌柄具有菌環，孢子印紫褐色，多數種類可食，僅少數有毒。

△黃銅綠球蓋菇菌蓋表面覆有黏液，此為球蓋菇屬的特色之一。

△黏蓋鱗傘於氣候濕潤時，全株常呈濕黏狀。此菇可食，味道不錯。

鱗傘屬：小至大型菇類，菌蓋表面常具黏性且覆有鱗片，因而得名。另菌柄上常可見菌環，孢子印污褐色，多數種類可食。

△高海拔常見的高地鱗傘，喜成群生長於火燒林地的枯木上，十分奇特。

尋訪球蓋菇的故鄉

在台灣，從平地到高海拔森林，都可找到球蓋菇科成員的身影。它們多為腐生菌，腐木、土壤，甚至糞便，都是它們生長的溫床。其中常見的鱗傘屬多為木生，不過多會造成樹木根腐病，對樹木來說可不是受歡迎的客人。球蓋菇屬則多為土生。至於令人害怕的裸蓋菇屬就像四竄的毒蟲般難以捉摸，包括了土生、木生，甚至糞生的種類。

毒霸一方的裸蓋菇

裸蓋菇到底有何法寶，可以在毒界稱霸呢？原來它屬於幻覺型毒菇，在其菇體成分中含有裸蓋菇素，若是誤食，15分鐘～1小時內會出現反胃、頭昏、焦慮等不適症狀，緊接著還會覺得視力模糊、躁動、甚至出現幻聽或攻擊行為，而且等到前述症狀逐漸減輕或消失，中毒者還是常有幻覺、頭痛或疲勞的現象，毒性之強，令人生畏。

自然界中，含有此成分的菇類包括鬼傘科斑褶菇屬、糞傘科錐蓋傘屬，以及球蓋菇科球蓋菇屬和裸蓋菇屬成員，其中又以裸蓋菇屬的含量最多，毒性也最猛烈，不

△牛糞間偶見的古巴裸蓋菇食用後精神會極度亢奮，像被施予魔力，所以英名稱為Magic Mushroom。

過也不是所有的裸蓋菇屬皆含有裸蓋菇素。

雖說這些菇類為毒菇一族，對中南美洲墨西哥地區的一些印第安人來說，可不是這麼一回事。他們認為這些毒菇獨具天神賦予的魔力，可以讓人飄飄欲仙，所以將其神化，並稱許為「神之肉」，在舉行一些宗教儀式時，甚至會提供信徒食用，增加信徒對宗教的虔誠。

時至今日，有些「搖頭族」更視這些毒菇為所謂的「搖頭菇」，貪圖它帶來的一時虛無縹緲感，枉顧對身體造成的長期傷害，所以有些地區已經將此類毒菇劃歸為「禁藥、毒品」類，加以嚴格管制，禁止私下流通。

無毒好吃的鱗傘

鱗傘屬菇類可謂球蓋菇科中的一股清流，它們多半無毒，有些種類甚至美味好吃，其中尤以滑鱗傘的滋味，最為饕客稱許。

這種中型野菇的黃褐色菌蓋黏滑滑的，在日本別稱「滑菇」，受到日本人喜愛，加在味噌湯裡，咕嚕咕嚕喝起來，相當滑溜順口的風味深受好評。

另外，此屬成員金毛鱗傘

△金毛鱗傘可供摘取食用，但不可與酒類共食。

和翹鱗鱗傘也同為食用菇類，兩者外觀均十分亮麗，味道也相當鮮美，不過對於喜歡在餐桌上小酌一番的人，可得對這兩種菇類小心些，因為它們也同屬菇酒相剋一族，食用後如果又飲酒入肚，將會出現身體不適的中毒現象，所以台灣早期雖曾引進栽培，但因此飲食上的限制，如今在餐桌上早已不見其蹤跡了。

◁滑鱗傘味道鮮美，為優良的食用菇之一，現已人工栽培成功。

身分鑑定小撇步

球蓋菇科和糞傘科這兩大野菇家族無論外型或生長的環境都有些相似，所以有時容易混淆，有個分辨兩者的小撇步，那就是將兩者的擔孢子，分別放在水溶液和氫氧化鉀（KOH）溶液中觀察，如在水溶液中為紫羅蘭褐色，而在KOH溶液中為暗黃褐色，那準是球蓋菇科錯不了。相對的，糞傘科菇類在這兩種溶液中均不會變色，所以很容易區辨。

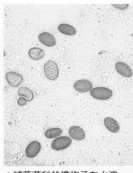
△球蓋菇科的擔孢子在水溶液中呈紫羅蘭褐色

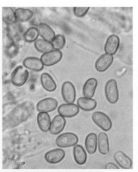
△球蓋菇科的擔孢子在KOH溶液中呈暗黃褐色

絲膜菌

絲膜菌科的註冊商標，想當然爾就是那如蜘蛛網狀的「絲膜」。它可是初生蕈最佳的保護網，包覆著尚未成熟的菌褶，讓裡面的孢子可以順利成熟。不過，一旦菌蓋整個打開，絲膜便會剝落，殘留於菌柄上，所以如果想在野外觀察菌褶上完整的絲膜，可得碰碰運氣了！而這個家族的成員中，就屬絲膜菌屬菇類最常擁有這層保護，也因此得名。

小檔案

分類：傘菌目絲膜菌科 Cortinariaceae

種類：29屬1369種；台灣有9屬34種

分布：世界泛布；台灣全島均有分布

菌蓋
多鐘形至
平展

菌褶
彎生至延生，
罕離生，褐色
；孢子印土褐
至鏽褐色系

顏色
多樣

質地
肉質緊密
或稍脆

●主圖：綠褐裸傘 *Gymnopilus aeruginosus* (Peck) Sing.，菌蓋2~8cm寬。

△絲膜菌屬菇類初生時菌褶面多由絲膜包覆保護

體型
多中至大型

菌環
多絲膜狀

菌柄
中生，罕偏生
或無柄

褐色孢子印的
傘菌大家族

　　絲膜菌科可是傘菌目中具有褐色孢子印的大家族，雖說「菇」口沒有口蘑科多，不過外觀多樣的程度可不輸它們。

　　在台灣，從平地一直到高海拔地區都可發現它們的蹤跡，而各個屬種的生長習性也相當不同，有些選擇長在木頭上，有些屬於土生土長型，還有些甚至是共生菌呢。以下整理絲膜菌科一些主要屬種之特徵，做為區辨、比較的參考。

　　絲膜菌屬（*Cortinarius*）：絲膜菌科的老大，成員最多，小至大型都有，菇體肉質緊密，菌蓋多平展，有些

△菌蓋黏滑的紫滑絲膜菌，為一種與殼斗科樹木根部共生的外生菌根菌，偶爾可於中海拔森林內發現。

種類的菌蓋還具有黏性，菌柄基部常見膨大，且表面有著絲膜狀菌環殘留。此屬成員多為外生菌根菌，常見自林地上冒出，有些種類可食，有些則具有劇毒。

　　黏滑菇屬（*Hebeloma*）：此屬絲膜菌因全株表面黏滑而得名。它們多為中型菇類，肉質緊密，菌柄上多不具菌環，不過基部處常可見假根。此屬成員多為外生菌根菌，常見自林地上冒出，有些種類可食，有些則具有劇毒。

△大孢黏滑菇具神經性毒素，誤食會使人狂笑，因而又名「笑菇」。

　　絲蓋傘屬（*Inocybe*）：此屬絲膜菌多為小至中型菇類，肉質稍脆，菌柄上多不見絲膜狀菌環，最特別的是，中凸的菌蓋表面常布有纖維絲條，也因而得名。它們在台灣分布廣泛，多為外生菌

△這種絲蓋傘屬菇類，生長於中海拔林地上，屬於一種外生菌根菌。

根菌，常可見自林地冒出，成員則多屬碰不得的毒菇。

裸傘屬（*Gymnopilus*）：此屬絲膜菌的體型多中至大型，肉質稍韌，菌柄上多不具絲膜狀菌環，但常布有纖維絲條。成員均為木棲腐生菌，常可見自腐木上冒出，其中多數種類具幻覺型毒素，為舉世聞名的魔菇一族。

盔孢傘屬（*Galerina*）：絲膜菌科中的一群小可愛，菇體多為小至中型，肉質稍脆，菌柄細長，多不具絲膜狀菌環，外觀上常被誤認是口蘑科小菇屬（*Mycena*）的成員，不過只要放到顯微鏡下觀察，便可發現此屬絲膜菌的孢子多呈美麗的紅褐色調，且表面還被覆著皺褶外層膜，這和小菇屬的孢子多無色平滑十分不同。此外，此屬成員多為土棲腐生菌，僅少數種類為木生性菇類，至於食性方面，則多無相關的記載。

△春夏間常可於中、高海拔苔蘚林地間發現的苔蘚盔孢傘

▷盔孢傘屬的擔孢子多呈紅褐色調

△群生於腐木上的條緣裸傘，具幻覺型毒性。

野菇大偵探

如果說在林地小解時，突然有菇冒出，這樣的景象也許會讓人不可置信，不過你知道嗎？有些菇類就是喜歡氮肥多的生長環境，在日本還特別稱這類真菌為阿摩尼亞菌，有些研究者甚至故意在林地灑些尿素，藉此觀察阿摩尼亞菌的演化。

而這類真菌多為擔子菌，僅少數為子囊菌，其中最著名的就是絲膜菌科黏滑菇屬的成員。此屬絲膜菌最大的特色就是菌柄下方多具假根，它們藉此假根深入土壤中氮肥含量多之處吸收營養，在國外有種黏滑菇的假根甚至還伸至鼴鼠巢穴中的排泄處。此外，還有種黏滑菇更令人驚奇，它們會從埋在土

△黏滑菇屬菇類的菌柄下方常可見明顯假根

裡的動物屍骨中冒出來，美國當地更曾依據此種生長習性，挖出被人棄屍的屍骸，因而偵破兇殺案。

絲膜菌的近親──靴耳科

靴耳科在外觀上常無柄或具側生短柄，和絲膜菌傘形柄中生的造型十分不同，不過因其擔孢子的顏色和形態近似絲膜菌科，所以有人將靴耳科歸入絲膜菌科。此科全世界有12屬207種，台灣目前僅出現1屬，即靴耳屬（*Crepidotus*）。

小至中型的個頭，扇形、肉質的菇體，背面有著彎生至延生的菌褶，喜生長於腐倒木上，屬於木棲腐生菌，野外發現時常會和口蘑科亞側耳屬（*Hohenbuehelia*）菇類弄混，不過靠著靴耳科褐色系的孢子印，便很容易與口蘑科白色的孢子印有所區別了。

◁ △低、中海拔腐木上常見的軟靴耳，黏滑的菇體狀似果凍，因此又名果凍靴耳。

紅菇

紅菇科成員有著白皙的皮膚、婀娜多姿的身材,再搭配上色彩鮮豔的菌蓋,動人的模樣真教人愛憐,堪稱野菇世界的妖嬌女。雖名為「紅」菇,但卻不一定全身紅通通,整個家族一字排開,從標準的紅,到黑、白、紫、黃、橙、褐色,甚至還有菇類少有的綠,五顏六色十分奪人眼目。更特別的是,這個家族還有一群成員,就像哺乳動物一樣會分泌乳汁,因此被稱為「乳菇」呢!

小檔案

分布:世界泛布;台灣全島均有分布

種類:7屬1275種;台灣有2屬53種

分類:紅菇目紅菇科Russulaceae

菌蓋
多鐘形至平展

質地
肉質,質脆,易腐爛

顏色
多鮮豔

菌環
無

●主圖:毒紅菇 *Russula emetica* (Schaeff.: Fr.) S. F. Gray,菌蓋4~8cm寬。

△多汁乳菇肉質肥厚，味道鮮美，且只要稍加擠壓，便會流出大量乳汁。

林地上的美麗菇族

　　紅菇科聲勢浩大，全世界共有1200多種，紅菇屬（*Russula*）為其中最大宗，約有750種，乳菇屬（*Lactarius*）居次，約有400種。外觀上略顯肥厚的菇體帶點脆質，而菌蓋表面鮮豔美麗的色澤，搭配著白色的菌褶，看來十分賞心悅目。

　　在生長習性上，此科成員多為外生菌根菌，屬於土棲共生性菇類，若想探訪它們，就得到林地上尋覓，不過也有少數以樹為家，屬於木生性菇類。台灣發現的紅菇包括紅菇屬和乳菇屬2個分

△綠紅菇身上有著野菇世界中少見的綠色調

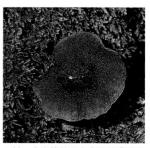

△低、中海拔林地上常見的濃香乳菇，全株具香濃氣味，因而得名。

支，它們散布於全島，從平地一直到高山，均有幸欣賞到它們美麗的倩影。

體型
多中、大型

菌褶
多離生至延生，常厚質，多白色；孢子印多白色系

菌柄
中生，常為短筒狀，易與菌蓋分離

△有著美麗紫紅色澤的青黃紅菇，偶爾可於中、高海拔林地上發現。

菌絲異質的紅菇

一般傘菌目菇類的菌蓋和菌柄，都是由絲條狀菌絲組成，所以摸起來有種纖維絲條的感覺，然而紅菇科成員卻因形成菌蓋與菌柄的菌絲不同質，即菌蓋除了可見絲條狀菌絲外，還間雜著一種稱為泡囊狀細胞的組織，所以它們的菌蓋質感獨特，摸起來脆脆的，而且還有粉粒狀的感覺，也因此被獨立為紅菇目。

△全株帶有腥臭味的擬臭紅菇，為具有腸胃型毒性的毒菇。

紅菇目菌蓋結構

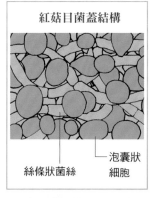

絲條狀菌絲　　　泡囊狀細胞

紅菇乳菇比一比

雖說只要折斷菌褶，看看是否有乳汁流出，便能分辨紅菇屬和乳菇屬兩者真正的身分，不過若想進一步確認，可以好好觀察兩者菌褶的差異：紅菇屬的菌褶很少延生，多無小褶；乳菇屬的則多半延生且具小褶。

另在食用上，雖說兩屬多

△美味紅菇肉質緊脆好吃

數種類均肉質豐嫩可食，味道酸甜苦辣都有，但若是味道辛辣及氣味不佳者，則要盡量避免食用。

△紅菇屬菌褶不見乳汁，且少有小褶。

△乳菇屬菌褶常可見乳汁流出，且多數具有小褶。

乳菇「乳汁」何處來

噗！噗！野外採菇時，偶爾會被噴出的乳汁，沾黏滿手。別擔心！你可能只是不巧遇到紅菇科裡的乳菇屬成員罷了。

野地裡，人們常被它肉質豐嫩的外表吸引，忍不住動手摘採，卻因此被它反將一軍。有些乳菇的乳汁甚至多到只要稍壓菇體，就迫不及待從菌蓋噴流而出。不過，紅菇科另一個主要成員——紅菇屬，就沒具備這個驚人的本領了。

到底這些乳汁從何而來？專家研究發現，其實所有紅菇科成員的菌褶內所謂菌髓組織上，都有「乳管菌絲」的存在，只不過紅菇屬的乳管菌絲並未與下面菌柄中的乳管菌絲相連，僅乳菇屬有上下相連。

另外，專家還發現這些乳菇屬菇類所分泌的乳汁成分約含3～5%的橡膠，但因分子鏈太短，無法像真正橡膠般形成較強的黏性，而僅呈黏滑狀。至於這些乳菇為何要產生乳汁，至今還是個未解的謎。

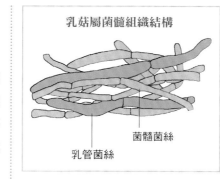

乳菇屬菌髓組織結構

菌髓菌絲

乳管菌絲

被寄生的共同宿命

你知道嗎？真菌世界中除了有些真菌會以植物、昆蟲為寄生的對象，有些甚至還會殘害同類，例如紅菇、乳菇這對姐妹花便都有個共同的宿命，那就是它們經常會遭到一些稱為菌寄生屬（*Hypomyces*）的子囊菌寄生，而這些被寄生的美麗紅菇

不僅面目全非，甚至還無法正常發育出菌褶結構來孕育孢子，因而造成了「不孕」的悲慘後果呢。

在野外若發現這些被感染的紅菇、乳菇，常可見它們的菇體呈現煮熟龍蝦般的橙紅色調，且全株表面一片光滑多不見菌褶，和原本傘形有菌褶的模樣差之千里。

此外，若有機會切開菇體，白色的菌肉搭配橙紅色的外表，不知情的人還真會以為是塊好吃的「龍蝦肉」，也因此國外戲稱這類被寄生的紅菇為lobster mushroom（龍蝦菇），堪稱野菇世界之一奇！

△被寄生而不見菌褶的紅菇

側耳

「側耳」是個聽起來有趣卻讓人有些陌生的名字，彷彿形容這類野菇側著耳朵在傾聽的模樣。不過如果把此科最出名的成員——鮑魚菇請出來，那就不難理解為何會有這樣的稱謂了。原來這個家族成員的菌柄多半都「長歪」了，有些甚至從菌蓋邊緣直接側出，加上摸起來有點韌肉質至革質，所以不管是形狀或質地，都很像側面看到的耳朵呢！

小檔案

分布：世界泛布，台灣全島均有分布
種類：4屬105種；台灣有3屬16種
分類：傘菌目側耳科Pleurotaceae

質地
韌肉質至革質

體型
中至大型

菌蓋
多扇形

顏色
多白、褐色系

110

●主圖：側耳（鮑魚菇）*Pleurotus ostreatus* (Jacquin: Fr.) Kumm.，菌蓋5~10cm寬。

△側耳為常見的食用菇，中至稍大型，因色澤和口感與珍貴食材鮑魚相似，故俗稱「鮑魚菇」。

名副其實的耳狀菇族

　　中至大型的個頭，側生扇形似耳的菇體，是側耳科的典型外觀。此外，這個家族的成員，質地也如耳朵般，堅韌有彈性，這點可是和同樣具有菌褶結構、質地多為軟肉質、俗稱「軟菇」的其他傘菌目菇類相當不同喔！

　　原來在顯微鏡下可見，側耳科成員菌肉菌絲的組成構造，和多數傘菌目菇類稍有不同。其中較常見的3屬：側耳屬（*Pleurotus*）的質地可說是側耳科中最為柔軟者，它的菌肉菌絲和一般傘菌同屬「單次元菌絲」，但是

菌褶
多延生，非離生，白色；孢子印白色系

菌柄
側生至偏生，罕中生或無柄

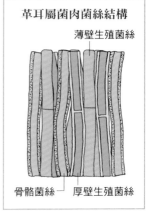

革耳屬菌肉菌絲結構

薄壁生殖菌絲

骨骼菌絲　　厚壁生殖菌絲

　　此屬菇類的組成構造中稍含厚壁生殖菌絲，所以肉質比起一般傘菌僅含薄壁生殖菌絲較為堅韌，屬於韌肉質；而香菇屬（*Lentinus*）及革耳屬（*Panus*）的質地就更為堅韌了，此因這兩者的菌肉菌絲為所謂的「二次元菌絲」，即同時具備生殖菌絲（薄

△菇體韌革質的褐絨革耳，全株密布絨毛，因而又被稱為絨毛香菇。

壁或厚壁生殖菌絲）與骨骼菌絲（厚壁無性菌絲），其中革耳屬更因骨骼菌絲的比例較香菇屬高，質地最硬，屬於韌革質，而香菇屬則多為韌骨質。

尋訪側耳的故鄉

側耳科的成員雖然不多，全世界僅105種，但它們喜歡成群結隊出現，所以在野外相當引人注目。該科多數種類為木棲腐生菌，多雨季節，在各個海拔森林內的一些腐木上，甚至公園、校園裡，都可尋得它們的蹤影。有些側耳屬菇類甚至還會像覆瓦般疊生於整個腐木上，聲勢十分浩大呢。

△覆瓦狀疊生於活樹枝幹上的囊狀側耳

△虎皮香菇幼嫩可食，但老熟後質地變硬，就不那麼美味了。

具備強大「化武」的鮑魚菇

一般人都認定菇類多半為素食主義者，主要靠「吃」木頭長大，但光只有木頭是不能滿足那狼吞虎嚥的鮑魚菇的。它的菌絲可是具備了強大的「化學武器」，會分泌一種毒素滴液，攻擊、消化身旁各種微生物，小至細菌，大至線蟲，它們一旦接觸到這種毒液，就會全身麻痺癱瘓，任君擺布，接下來鮑魚菇的菌絲便會逐漸侵入這些「獵物」的體內，大快朵頤一番，盡情吸收其中富含的養分。

不過有時遇到含有高蛋白質的獵物，如線蟲的皮膚，一時之間菌絲無法消受，便會稍作休養，等待細菌上場幫忙分解之後，菌絲才會再度毫不留情，以橫掃千軍之勢攻入細菌菌落中，分頭搶食溶解，徹底消滅有恩於它的細菌。

食用菇齊聚一家

側耳科成員中多為鼎鼎大名的食用菇，它們走的是平民化的路線，加上容易人工栽培，所以在傳統市場中到處可見，像亞洲人最愛的香菇，市面上常見的鮑魚菇、秀珍菇、杏鮑菇、金頂側耳等等，都是這家子的一員。除了香菇以外，這些常見的食用菇多為側耳屬的一員，有些甚至源自同種，只是育成不同的栽培種罷了。

這些人工栽培的食用菇和野生母種在外觀上通常有所差異，所以許多人即使在野外發現，也常猶疑而不敢採食，以香菇來說吧，每個人說到它都能朗朗上口講出一堆特徵，到了野外卻又不敢肯定，在這裡告訴各位一個辨認香菇的小祕訣，那就是當菌褶成熟時，可見其褶緣呈鋸齒狀，這可是香菇屬特有的特徵喔。

△秀珍菇為側耳的栽培種

△金頂側耳又名黃金菇，味道鮮美且營養豐富。

△香菇的菌褶褶緣呈鋸齒狀

△早期較常用段木來栽培香菇

△杏鮑菇肉質滑嫩好吃

打雷是發菇的關鍵？

雷電交加，趕快準備工具，上山採菇了！最好能找到被雷擊落的木頭，包準有大量香菇發生。其實不僅是香菇，口蘑科中美味的雞肉絲菇也被這樣傳說著。這個說法是民間的經驗談，他們認為雷公會喚醒正在睡覺的菇類，而放電作用正可刺激菌絲形成菇體，

其實，之後伴隨而來的「雷母哭泣」——西北雨，似乎才是促使菇類大量發生的主因，而雷擊所產生的臭氧，只不過是發菇的「催化劑」罷了。

以前利用段木栽培香菇時，常有菇農拿著鐵鎚到處敲打段木，好使香菇快快長出，這也是因循著同樣的迷思，其實時至今日發菇的關鍵所在，仍是一個未解之謎。

裂褶菌

這是褶菌嗎？怎麼菌褶邊緣還開裂出小溝啊？其實這正是裂褶菌科菇類的註冊商標！全世界擁有如此特殊菌褶的菇類可不多，在台灣山野間甚至也只記錄到滿覆白毛狀似雞毛撢的「裂褶菌」一種。它就像個喜歡雲遊四海的旅人，從平地、郊山，一直到荒涼的高山中，只要有枯木存在，就有它落腳的足跡，所以如果想與它相遇，機會可不低喔！

小檔案

分類：多孔菌目裂褶菌科Schizophyllaceae

種類：5屬43種；台灣只發現1屬1種

分布：世界泛布；台灣全島均有分布

菌褶
自基部輻射而出，赭至淡黃褐色，具小褶；孢子印白色系

質地
革質

菌柄
無

菌蓋
扇形至半圓形，表面具白絨毛或粗毛，蓋緣不規則瓣裂及有深溝紋，內卷

顏色
白至灰色

體型
小型

●主圖：裂褶菌Schizophyllum commune Fr.: Fr.，菌蓋1~3cm寬。

菇少勢不單的裂褶菌

裂褶菌科扇形無柄的革質外觀和多孔菌科相似，不過它背面的子實層非孔狀，而為褶狀，加上厚實的菌褶褶緣縱向分裂成 2 或 3 條，因而稱為「裂褶」菌，並自成一科。

此科成員並不多，全世界僅見 5 屬43種，其中屬於大型真菌者僅有 1 屬 1 種，即裂褶菌，台灣也有此種的發現紀錄。不過，此科雖然「菇」丁單薄，卻靠著極強的腐生能力，散居世界各地，就連在台灣，也是從平地到高海拔地區都能找到它的蹤跡，且出現的頻率很高，屬於一種木材白腐菌，常見群生於闊葉樹腐木上，造成著

△褶間有橫脈，褶緣鈍寬，縱裂成溝形。

生樹木木材白化腐朽。對菇農們來說可是個不太受歡迎的角色，因為利用段木栽培香菇、木耳或銀耳時，裂褶菌有時會反客為主，繁殖生長的速度比起栽培主角既快且多，有時甚至還會造成整塊段木腐朽不復使用呢。

龜息延年大法

裂褶菌有一特異功能，即龜息延年大法——遇氣候乾燥不利生長時，菌蓋可卷縮起來，菌褶裂條也向內反卷

折疊，保護未成熟的孢子，逢雨濕潤時，菌蓋才又再度舒展開來，菌褶裂條也拉直呈小溝狀，讓孢子繼續成熟而散播。曾有研究人員將50年前的裂褶菌乾標本（包括枯木）再度浸潤後，發現其菌蓋開展後還會產生孢子，可見它的生命力多麼強大，怪不得到處都能發現它。

令人不可置信的美味

裂褶菌的菇體小小、毛毛的，摸起來還帶點韌性，一副讓人食不下嚥的模樣，不過在中國雲南、泰國等地，對其風味的評價頗佳，尤其雲南產的裂褶菌氣香味鮮，當地稱之為「白參」，據說有滋補強身的功效，當地人相當看重，甚至贏得「金不換」之稱。

其實，裂褶菌幼嫩時，摘採來炒蛋或蒸蛋，既可口又有益健康。此外，專家也已實驗證明此菇含有裂褶菌多醣成分，具有不錯的抗癌效果；而雲南民間常把此菇與雞蛋燉熟服用，用以治療婦女的白帶症狀。

△裂褶菌菌蓋表面毛茸茸的，狀似無柄的雞毛撢，因而俗稱「雞毛菌」。

牛肝菌

褐色的外表，肥厚而富彈性的半球形菌蓋，加上大多數種類可食，烹煮起來不管色澤、大小或質感都像塊牛肝般，令人垂涎三尺，也難怪此科野菇得此稱謂了。它們在美食界相當引人注目，義大利名菜之一的「野蘑菇」，便常以牛肝菌科成員為主角，其中又以美味牛肝菌最受人鍾愛，屬於珍貴食用菇類，在老饕們的眼中可說是菇類的極品呢！

小檔案

分布：世界泛布；台灣全島均有分布
種類：26屬415種；台灣有15屬92種
分類：牛肝菌目牛肝菌科 Boletaceae

菌蓋
半球形，光滑或覆有絨毛、鱗片或具黏性

體型
中至大型

質地
肉質，易腐爛

菌柄
多中生，光滑或具腺點至網紋，少數具膜質菌環

116

●主圖：網狀牛肝菌 *Boletus reticulatus* Schaeff.，菌蓋8~12cm寬。

△牛肝菌的子實層是由許多菌管垂直排列聚合組成，和一般傘菌為褶狀有別。

顏色

多褐色系，有些則相當鮮豔

菌孔

多凹生、直生，圓形至角形，白、黃至紅色，有些種類一旦刮傷，會變為藍黑色；孢子印為淡米黃至褐色系

有孔沒褶的美麗傘菌

乍看之下，牛肝菌科的成員和一般傘菌沒什麼兩樣，有蓋也有柄，不過若是把菌蓋翻轉一看，便會發現背面並非褶狀，而是像多孔菌般密布一個個的小孔。

原來牛肝菌科的子實層內部垂直排列著許多菌管（tube），這些菌管的長短、大小及形狀，會隨著種類的不同而有所差異，而菌管末端的孔口就是我們所看到的菌孔，有時菌孔邊緣的顏色也會與菌管有別。

不過就因為菌蓋背面呈現多孔狀，所以也常會跟一些多孔菌科菇類混淆，但是只要記住牛肝菌科肉質柔軟、菌柄中生的特質，加上大多數種類整個菌管的構造易與

△典型的傘菌，子實層多呈褶狀，歸為褶菌類。

△典型的多孔菌雖也具菌孔，但菇體多半側生呈扇形，且質地較硬。

菌蓋分離，相對的，多孔菌科的菇體多半堅硬，菌柄側生或無柄，且菌管多半不易與菌蓋分離，就可以將兩者做一區分了。

◇傘形的軟質菇體，卻不見菌褶，是牛肝菌科與其他傘菌最大的不同。

與樹依存的土棲共生菌

牛肝菌科分支眾多，共可分為26屬，在台灣則可觀察到其中15屬92種成員，它們散居於平地至高海拔的森林之中。雖然這些屬種間外表各異，卻有個共同的特性，那就是全部牛肝菌科成員均為土棲菌，且多數為外生菌根菌，而這些共生的種類中，有的甚至從一而終、至死不渝，只會出現於特定的樹種附近林地上，如乳牛肝菌屬（*Suillus*）菇類大多對松樹獨有情鍾，不管高山、平地，唯有松樹生長的地方，才有機會發現它們的蹤跡。

此外，在牛肝菌科生長的林地上，有時還能同時發現鵝膏科與紅菇科菇類。原來這三者號稱「外生菌根菌三雄」，它們常於林地上你爭我奪搶地盤，當中有時還交雜著口蘑屬、蠟蘑屬、絲膜菌屬、雞油菌屬、硬皮馬勃屬等一些菇類「小諸侯」。

有趣的是，大部分的宿主植物（如殼斗科或松科樹木）並不那麼專情，而是經常同時擁有多種外生菌根菌與其共生，有的還會隨著樹木生長，而不時更換共生的伴侶，所以長期觀察同一生育地時，若發現有多種外生菌根菌輪番上陣就不足為奇了。幾年記錄下來，甚至還可能掌握這個生育地動態平衡的規律：什麼月份哪種菇類先出現，接著輪到誰上場，一年之中有的出現一次或多次，或幾年才出現一次。

△點柄乳牛肝菌專與松樹共生，常可於郊山松林地上發現。

△喜與殼斗科樹木共生的兄弟牛肝菌，常成群出現於郊山林地上。

名副其實的美味牛肝菌

牛肝菌科除少數菇體受傷會變藍黑色，或孔口紅色的種類具有毒性，或因味苦難吃而不被食用外，多數種類可供食用，有些甚至是老饕口中讚不絕口的美味。

歐美地區的人們常將去柄只剩菌蓋的新鮮牛肝菌，橫劃幾刀直接燒烤，肥厚的菇體烤後看來就像剛出爐的麵包，香氣四溢，讓人垂涎三尺；此外，也有人將牛肝菌乾燥保存，等要使用時再泡水軟化，用來拌炒肉類、海鮮，或是熬煮高湯，滋味相當豐富而多元。

其中美味牛肝菌更如其名般，勇奪牛肝菌中美味之冠，此菇蒸、炒、煮、涼拌都適宜，味道鮮美清爽，有股山野清香滋味，十分受到歡迎。可惜的是，台灣並未有過野外發現的紀錄，不過還好中、高海拔林地中偶爾可見的網狀牛肝菌、褐環乳牛肝菌，它們的風味雖略遜一籌，卻也同列為世界著名的食用菇，深受許多美食家的好評。

△褐環乳牛肝菌的初生蕈油炸過後，十分美味。

△網狀牛肝菌肥厚的菌肉，帶點堅果味，味道廣受好評。

牛肝菌的近親——松塔牛肝菌科

松塔牛肝菌科（Strobilomycetaceae）這個從牛肝菌科分家出來的小家族，全世界只有64個成員，外觀與生長習性均和本家相像，不過其擔孢子表面多半具有小瘤、縱紋或網稜，和牛肝菌科多半平滑不見紋路相異，這是讓它們獨立成科的主要原因。人們常問這個野菇家族為何取名為「松塔」牛肝菌，原來它們有些成員菇體黑褐，且菌蓋表面密生大刺刺的翹鱗，側面看來，像是松果綻開如塔狀的模樣，其中最典型的代表，便是松塔牛肝菌這個成員了。

△造型奇特的松塔牛肝菌

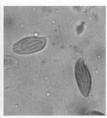
△松塔牛肝菌科的擔孢子表面具明顯條紋

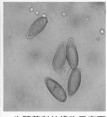
△牛肝菌科的擔孢子表面光滑

靈芝

靈芝科菇類中，有個富有傳奇色彩的名角——靈芝，它在中國醫學上地位崇高，自古以來便常與延年益壽、能治百病劃上等號，因而被人們尊稱為仙草、瑞草，甚至被當成長生不老的靈藥，歷代許多君王因戀棧皇位、渴求長生不老，費盡心血四處搜尋生長於山野中的靈芝，傳說秦始皇派了五百童男童女前往蓬萊仙島，採摘的仙丹靈藥就是靈芝呢。

小檔案

分布：世界泛布；台灣全島均有分布
種類：約5屬200種；台灣有3屬10多種
分類：多孔菌目靈芝科Ganodermataceae

菌柄
多有，但部分
多年生種類不
具菌柄

質地
木栓質至木質

菌蓋
半圓形、近圓形或近腎形，
表面具光亮蠟殼，但部分多
年生種類不具光亮蠟殼

體型
多中、大型

●主圖：靈芝 *Ganoderma lucidum* (Leys. ex Fr.) Karst.，菌蓋3~15cm寬。

野菇長壽族

粗厚、近半圓形的木質外表，是靈芝科最大的特色。它們屬於非褶菌類，所以背面不具菌褶只見密密麻麻的菌孔，而菌孔的大小、數量則依種類而異。

此外，靈芝科的成員普遍較為「長壽」，它們依生長期長短不同，可分成一年生及多年生兩類。

外觀上，一年生靈芝的菌蓋表面多具光亮蠟殼且質地多為木栓質，此外，生長於樹木根部及樹幹基部的菇體多有菌柄，但生長在離地較遠的樹幹上者則多不見菌柄。而一年生種類中常見且具代表性的種類為靈芝。

相對的，多年生靈芝的菌蓋表面多不具光亮蠟殼且質地多更堅硬呈木質，此外，

△此張古圖繪發現於山西佛寺中，圖中這位身負竹笈、行於山野間尋得靈芝者，一般認為應是神農氏。

△小個頭的喜熱靈芝屬於一年生靈芝，常寄生於郊山竹林的竹子基部，造成竹子枯死。

顏色
黃、黃褐、紅褐、紫、黑褐至黑色均有

菌孔
小而密，乳白、淡黃、赭石至暗褐色都有；孢子印黃褐至咖啡色系

△熱帶靈芝屬於一年生靈芝，常可於相思樹幹基部發現群生的菇體。

△多年生的南方靈芝，菌蓋最大達50cm以上，表面不具光亮蠟質。

這類硬菇多自樹幹直接長出，少具菌柄，遠看就像樹木長出舌頭，因此又被稱為「樹舌」，且因體型較大，可供野生動物棲息，民間更俗稱其為「猴板凳」，其中靈芝屬的南方靈芝便是台灣唯一的多年生靈芝代表。

在野外觀察這些靈芝時，常可發現一到了秋冬，一年生靈芝便因遭到蟲蝕而腐敗，然而多年生靈芝雖停止生長卻不會腐敗，且來年春、夏時又可持續生長，有些甚至可長至直徑1公尺以上的大小。而且多年生靈芝的生長期長短與其著生的木材大小有關，越大的木材可供它利用的養分越多，生長期就越長，數十年的多年生靈芝在野外不難看到，至於千年的靈芝，似乎沒人真正看過，或許只是神話中誇大的形容吧！

老樹的隱形殺手

台灣各個海拔高度均可找到靈芝科菇類的蹤影，其中又以低海拔山區最為常見。此科成員多屬木棲腐生菌，主要生長於活樹的根部、樹幹基部，也常可於腐木上發現。而其中少數種類甚至具病原性，會引起樹木的根莖腐病。如一般視為吉祥幸運象徵的靈芝，對老樹可就不是個受歡迎的住客了。原來，一旦樹頭或根部被靈芝進駐，靈芝將會侵入危害老樹的根部，讓根部及樹幹基部的木材組織腐朽，因而失去機械支撐力量，要是遇強風或強震襲擊，便很容易倒伏。此外，靈芝還會緩慢危害活的輸導組織，導致樹木慢衰敗，真可謂老樹們避之唯恐不及的隱形殺手。

▷ 被靈芝寄生的路樹易風倒與風折，有公共危險之虞。

紫芝 V.S. 赤芝

中國古老藥籍《神農本草經》中列的靈芝類中藥有紫芝、赤芝、青芝、黃芝、白芝、黑芝六種，近代可見則多為紫芝、赤芝二種，如靈芝科靈芝屬（*Ganoderma*）菇類菌蓋表面具光亮蠟殼的種類中，便可依其菌蓋顏色分成兩大群，菌蓋紫色系稱為「紫芝」，台灣可見有狹長孢靈芝和台灣靈芝兩種。另外，菌蓋磚紅色系則稱為「赤芝」，靈芝、熱帶靈芝、韋伯靈芝和喜熱靈芝等便屬於此類。

△菌蓋紫色調的狹長孢靈芝屬於紫芝的一種　　　△菌蓋磚紅色調的韋伯靈芝屬於赤芝的一種

傳說不老的仙丹靈藥

　　古老中國傳說著靈芝具有起死回生、長生不老的神奇藥效，而《白蛇傳》中的白娘子為了救被自己現出蛇形嚇死的夫君許仙，遠道至峨眉山盜取的仙草便是靈芝呢。此外，兩千多年前東漢時期的藥典古籍《神農本草經》已將靈芝列為上品，視其為滋補強壯、扶正固本、延年益壽及鬆弛身心的珍貴藥材；明朝李時珍的《本草綱目》中則稱其「久食輕身不老，延年神仙」。

　　以近代科學來看，靈芝當然不是能治百病的仙丹靈藥，但確實對健康有正面的效果，此因靈芝含有機鍺、多醣體及三帖類等成分，可提升免疫力及其他生理機能。一般泛指的靈芝種類繁多，其中有多種靈芝已被應用製成保健食品，雖未證實哪種靈芝最有效，但至少都未具明顯的負面作用。

　　目前靈芝已經人工栽培成功，從接種到採收約需4～5個月，所以價格上也實惠不少，可說是靈芝喜好者的一大福音！

進化的真菌

　　靈芝科在演化的地位上，因其擔孢子具雙層保護壁，外壁無色、薄壁，內壁多為黃褐色，多數種類具有疣狀小刺生長於內外壁間，十分特殊，因而被真菌專家認為是比一般只有單層壁的原始菌類更為進化的真菌生物。

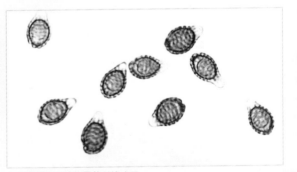

△具雙層孢子壁的靈芝科擔孢子

多孔菌

若說口蘑科為「軟菇」中勢力最大的一族，那麼多孔菌科便是領軍「硬菇」的龍頭老大了。菌蓋背面密生菌孔，是這個家族最重要的識別特徵，也因而得名。不過此科眾多成員在外觀上可是各具特色，有的甚至像地衣般平伏貼生於腐木上，讓人猜不透它的身分。而當今炙手可熱的保健名品──牛樟芝，雖然號稱「靈芝之王」，卻不屬於靈芝科，而是多孔菌科的一員呢！

小檔案

分布：世界泛布；台灣全島均有分布

種類：約130屬1200種；台灣約有40屬300種

分類：多孔菌目多孔菌科Polyporaceae

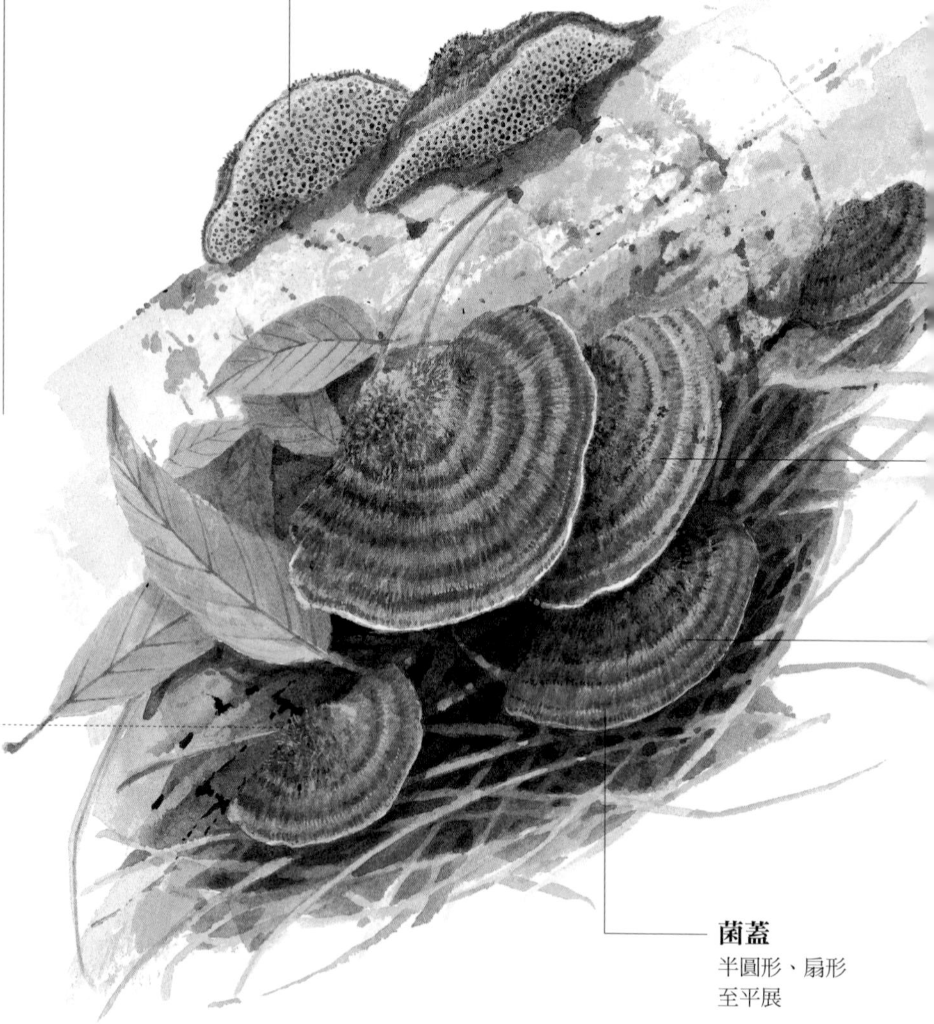

菌孔
多圓形、不規則形、角形至迷宮狀，白、黃、褐、黑、紅色均有；孢子印多白色系

菌柄
多無或具短柄

菌蓋
半圓形、扇形至平展

●主圖：粗毛擬革蓋菌 *Coriolopsis aspera* (Jungh.) Teng，菌蓋4~10cm寬。

△扇形無柄的造型，孔狀的子實層是多孔菌科典型的特徵。

木生性的孔狀硬菇

大多數多孔菌科成員的菌肉是由多種菌絲彼此交錯組成，整個組織因而更加鞏固，所以質地堅韌便成了此科的特色之一，俗稱「硬菇」的種類中，它們佔了相當高的比例。

另外，外觀上多孔菌科成員有的狀似靈芝，有的像傘菌般有柄又有蓋，有的平伏貼生不見菌蓋，有的甚至多個菌蓋聚生成繡球花狀，形態十分多樣。不過只要翻開菌蓋背面瞧瞧，孔狀的子實層可是這個家族的註冊商標，只是菌孔的大小和形狀，

△傘菌狀的黃柄小孔菌

△繡球花狀的榛色地花菌

會依種類不同出現許多的變異，從典型的圓形、角形到不規則形、迷宮狀、齒狀，

顏色
多樣，主要有白、黃、黃褐、紅、黑褐及黑色

體型
中至大型

質地
革質、木栓質至木質，罕肉質

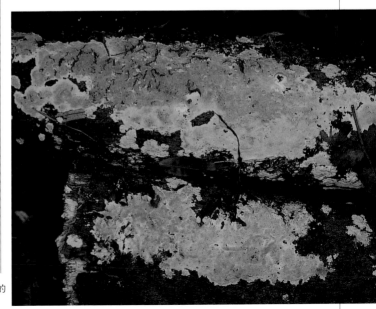
▷平伏貼生狀的明亮松氏孔菌

△菌孔迷宮狀的褐傘殘孔菌

△菌孔齒狀的乳白耙菌

甚至褶狀都有。

在台灣山野之中,想要找到多孔菌科菇類並不困難,這是因為一來它們成員眾多,二來菇體壽命也較一般軟菇長,短則數週,多達數年,所以幾乎在各個海拔高度的森林內,或是生活周遭的公園、校園或路旁,都很容易與它們相遇。

此科成員多為木棲腐生菌,最常見於腐木、樹頭及枯枝上,僅有少數種類生長於活樹樹幹基部或根部,對活樹具有病原性,屬於所謂的木棲寄生菌。

有褶無孔的多孔菌
——褶孔菌屬

早期的大型真菌分類,多以菇體質地及子實層形態為依據,因而將具有革質至木質菇體、子實層孔狀者都歸於多孔菌科。

近代的分類學家則改以微細特徵為主,外觀形態為輔,但仍沿用部分傳統的分類科名。所以,多孔菌科的大多數種類均具有菌孔,但也有部分種類不具菌孔,其中又以褶孔菌屬(*Lenzites*)菇類最為尷尬,因為它們具有典型褶狀的子實層,理應放在褶菌類,卻因微細特徵與多孔菌科相當吻合且質地較堅韌,而被歸於多孔菌科。

其實菇類的分類中存在一些類似的現象,如褶菌類中也有子實層為多孔狀的種類,還好這些例外的菇種並不多,只要多累積經驗,就可以慢慢克服辨識上的困難了。

野菇世界的新兵
——相鄰小孔菌

台灣最優勢、常見的多孔菌——相鄰小孔菌,僅分布於古熱帶地區,包括亞洲、非洲及北澳洲熱帶地區,在台灣則多見於低、中海拔闊葉林中。

雖然此菇為古熱帶地區普遍物種,但卻未在氣候條件相似的美洲熱帶地區出現。因此,真菌專家相信,它應

△菌孔褶狀的褶孔菌屬菇類

△相鄰小孔菌為台灣最優勢的多孔菌科成員

是在美洲與非洲大陸板塊分離後才完成演化的，屬於較新演化的菇種。而它之所以成為熱帶地區的優勢種，最主要是因它相當能適應乾燥的氣候條件之故。

台灣國寶級菇類 ——牛樟芝

如果說人參、貂皮、烏拉草是東北三寶，那牛樟芝便可謂台灣享譽世界的國寶級菇類，加上其菇體初生時呈鮮豔血紅或橙紅色，更得享「台灣紅寶石」之稱。此菇屬於多孔菌科，正式學名為樟薄孔菌 *Antrodia cinnamomea* T. T. Chang & W. N. Chou，僅可於台灣天然林一種特有樹種牛樟的腐朽心材內發現，也因而得名。全株嘗起來有種特殊的苦味，民間傳說可以強肝解毒，甚至抗癌，據說效果很好。不過

△牛樟芝初生時菇體平伏顏色鮮豔

一來因野外數量不多，再者民間需求有增無減，導致價位居高不下，有時市價甚至比冬蟲夏草還昂貴，稱得上全世界最貴的菇類，也因此常為所謂的「山老鼠」（盜林者）盜採的目標之一。

如果想減少牛樟芝價格居高不下及盜採的壓力，唯有成功栽培菇體一途。目前市面上已有人工培養的菌絲體當作替代品，未來希望可以成功栽培出菇體，如此一來除了能供應市場需求外，還能為天然牛樟芝留下生路。

食用保健兩相宜
——灰樹花

灰樹花這種外觀似繡球花的多孔菌科成員，相傳十分美味，在日本若有人於野外發現，常會高興得手舞足蹈，因此又稱為「舞茸」。不過，也有一種說法是，人們因其外觀狀似花瓣迎風飛舞，而取此名。

此菇主要生長於溫帶地區腐朽闊葉樹的樹幹基部，數量相當稀少，在台灣僅偶見於中海拔闊葉林內枯死樹木的樹頭上，也難怪台灣人對它印象十分模糊。

灰樹花除可食用外，其實還具抗癌及抗病毒的功效，因此近年來相當受到國際生物醫學界的重視，而且截至目前為止已有研究證實，此菇含有的多醣體成分對於惡性腫瘤的療效不錯，在日本甚至已經開發成治療癌症的藥物；此外，還有研究證實，此菇的抽出物在治療愛滋病上也有不錯的療效。

不過，自然界如此稀少的野生灰樹花，如何應付得了市場大量的需求？還好日本當地已經人工栽培成功，所以現在想要享用這種食用保健兩相宜的菇類，也就不再那麼困難了。

△中海拔闊葉林內偶見的灰樹花

「多孔」菌類比一比

非褶菌類中，除了多孔菌科外，還有一些科屬的子實層亦呈多孔狀，其中又以靈芝科、刺革菌

科（屬）名	質地
多孔菌科	革質、木栓質至木質
靈芝科	木栓質至木質
刺革菌科	革質、木栓質至木質
牛肝菌科	軟肉質
松塔牛肝菌科	軟肉質
牛排菌科	軟肉質
明目耳科	木栓質
口蘑科 膠孔菌屬	軟膠質
口蘑科 網孔菌屬	軟肉質
口蘑科 叢傘絲 牛肝菌屬	軟肉質

科、牛肝菌科及松塔牛肝菌科的種數較多，而牛排菌科（Fistulinaceae）、明目耳科（Hyaloriaceae）的種數較少，多只有1屬，或甚至只有1種。

另外，褶菌類的口蘑科野菇雖然菇體多肉質，但其中也有少數屬種的子實層為多孔狀，如膠孔菌屬（Favolaschia）、網孔菌屬（Dictyopanus）和叢傘絲牛肝菌屬（Filoboletus）等，十分獨特。

以下是較常見的一些多孔菌類比較簡表，方便大家野外觀察時快速判斷歸類。

顏色	生長習性	外型		
多樣	木生性	多樣	◁多孔菌科	◁靈芝科
灰、紅褐、紫黑、黑	木生性	多具光亮蠟殼		
黃褐	木生性	多樣，滴上KOH溶液後呈黑色	◁刺革菌科	◁牛肝菌科
黃、黃褐、紅、白	土生性（共生）	傘形，有菌柄		
黃、紅、黑	土生性（共生）	傘形，有菌柄	◁松塔牛肝菌科	◁牛排菌科
肝紅	木生性	近圓形，無柄		
白灰	木生性	無柄，菌孔很大	◁明目耳科	◁膠孔菌屬
白	木生性	近圓形，無柄		
乳白、淡黃褐	木生性	近圓形，無柄，菇體小於0.5cm	◁網孔菌屬	◁叢傘絲牛肝菌屬
白灰	木生性	傘形，有菌柄		

齒菌

齒菌科的成員們不僅有「齒」，而且還密密麻麻的長在子實層表面，常讓發現者眼睛一亮，以為採到了什麼怪菇！其實，野菇世界中還有幾科也是這副模樣的，它們因此被歸於「齒菌類」，例如外觀狀似掏耳朵專用耳匙的耳匙菌科，以及名列中國四大名菜之一的「猴頭菇」所屬的猴頭菇科，其中猴頭菇的齒針更長如老人鬍鬚呢！

小檔案

分布：世界泛布；台灣常出現於中、高海拔森林

種類：9屬137種；台灣有5屬10種

分類：非褶菌目齒菌科Hydnaceae

體型
小至大型

顏色
較多樣

菌柄
多中生，少數
偏生或無柄

●主圖：卷緣齒菌Hydnum repandum L.: Fr.，菌蓋2.5~3.5cm寬。

⊙齒菌科菌蓋背面密生齒針，因而得名。

密生齒針的獨特傘菌

齒菌科成員外觀上和一般傘菌相近，多半具有菌蓋和菌柄，只有少數種類不具菌柄，或甚至平伏貼生，不過它們的子實層可是相當特別，並非一般褶狀或孔狀，而為齒針狀或刺狀，也因此不管中名或英名均稱其為齒菌（teeth fungi）。

在台灣，各個海拔高度都可發現齒菌科的蹤影，不過以中、高海拔森林內更為常見。此科成員多為腐生菌，有些為土棲腐生，有些則為木棲腐生，只有少數種類是共生性的外生菌根菌，可於某些樹木根部附近的林地上發現，如多於高山松林地上發現的翹鱗肉齒菌。

質地
肉質、軟骨質
至硬革質均有

菌蓋
多平展，少數
為扇形或平伏
貼生狀

子實層
齒針狀、刺狀或疣狀，白或
棕色；孢子印白色系

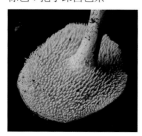

⊙台灣夏季高山上偶見的翹鱗肉齒菌，喜與松樹共生，背面密生的齒針有時可見延生至菌柄。

⊙生長於低、中海拔闊葉樹腐木上的橙黃齒耳，外表鮮豔引人。

131

齒菌三族比一比

　　除了齒菌科之外，猴頭菇科（Hericiaceae）和耳匙菌科（Auriscalpiaceae）也因子實層呈齒針狀，而被歸為齒菌類，號稱「齒菌三族」。以下詳述這三大有齒家族主要的差異，方便對照比較。

　　齒菌科：小至大型都有，菌蓋多平展，菌柄多有，子實層呈齒針狀，多數種類可食，味道鮮美或具苦味，為台灣發現的齒菌類種數最多者，約有10種。

　　猴頭菇科：中至大型，菌蓋多扁球形至頭狀，菌柄多短或無，子實層呈長針刺至珊瑚分支狀，多數種類可食，味道鮮美，全世界有5屬19種，台灣只發現1屬2種，其中猴頭菇更是齒菌三族中最出名的食用菇類，自古以來它可是和燕窩、熊掌、海參並稱中國四大名菜，而有「山珍猴頭，海味燕窩」一說，可見早年猴頭菇是多麼珍貴的食材。時至今日，因為已經大量栽培，所以一般百姓幾乎不論何時都能吃到新鮮的猴頭菇了。

　　食用此菇據說可改善消化不良、胃潰瘍、高血壓等病症。不過採食猴頭菇最大的問題是保存不易，而當乾燥後再煮食則會出現苦味，所以常見用做藥膳食材。

　　此外，台灣發現的另一種猴頭菇──分枝猴頭菇，其齒針不像傳統的猴頭菇為長針狀而是如珊瑚分支狀，十分特別。此菇亦為可食用菇，但味道、肉質均比不上猴頭菇。

　　耳匙菌科：小至中型，菇體傘形至耳匙形，菌蓋表面覆有絨毛，菌柄多有，子實層呈齒針狀至短錐形，雖可食，但因菇體較小且硬韌，食用價值不高，全世界有5屬37種，台灣則只記錄1屬1種，即耳匙菌。

　　值得一提的是，耳匙菌科除了外型與其他齒菌二族有所差異外，其特殊的生長習性也是辨識的祕訣之一。原來耳匙菌科的成員專挑松林下腐爛的毬果為家，而且在台灣不只它們敝「果」自珍，口蘑科的小孢菌、大囊松果菌、可食松果菌，也喜歡生長在腐爛的松科毬果上，但其中以耳匙

△齒菌科野菇多數有著典型傘菌的外觀

△春、冬兩季，單生於中海拔闊葉林腐幹上的野生猴頭菇，為一種著名的食用菇，幼嫩可食。

△分枝猴頭菇的齒針形如珊瑚

△子實層呈齒針狀的鮭貝革蓋菌
，屬於多孔菌科的一員。

△子實層呈齒針狀的棉瑚針菌，
屬於皮革菌科的一員。

△子實層呈齒針狀的虎掌假齒耳，
屬於膠耳科的一員。

菌科的耳匙菌最易辨識：近圓形至心臟形的革質菌蓋，表面被覆棕褐色毛，齒針狀至短錐形的子實層，偏生的菌柄，看起來像掏耳朵專用的耳匙，也因而得名。

其實除了齒菌三族之外，野菇世界中還有許多有「齒」之徒，例如多孔菌科中的鮭貝革蓋菌、乳白耙菌，皮革菌科中的棉瑚針菌、豆生偽壺擔菌，以及膠耳科的虎掌假齒耳，這些也是常見子實層呈齒針狀的野菇。

至於為何這些野菇的子實層非孔狀也非褶狀，而呈齒針狀呢？關於這個問題，一般真菌專家都認為齒針狀的子實層結構，可以提供孢子較多的著生面積，而著生的孢子增多了，生存的機會相對也會提高許多。

△口蘑科的小孢菌和耳匙菌科一樣，
也是喜以松科毬果為家的腐生野菇。

◇ 自腐爛松果長出的耳匙菌，又名松果齒菌。春暖花開時，偶見散生於低海拔松林地內。

皮革菌

以樹木為家的皮革菌科，堪稱「怪菇」一族，它們有著皮革般堅韌的質地，多數成員不見一般菇類典型的菌蓋，也不具菌褶或菌孔，乍見之下就像一張攤在樹幹上的光滑皮革，說它是菇，往往讓人丈二金剛摸不著頭緒，還有人因此戲稱它們為「膏藥菌」呢。不過，只要放在顯微鏡下觀察一絲絲的菌絲結構，它們真正的身分便無所遁形了。

小檔案

分類：非褶菌目皮革菌科 Corticiaceae

種類：約60屬400種；台灣約有30屬300種

分布：世界泛布；台灣全島均有分布

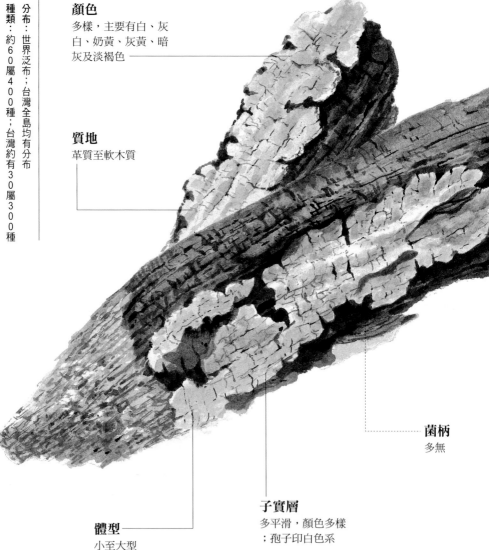

顏色
多樣，主要有白、灰白、奶黃、灰黃、暗灰及淡褐色

質地
革質至軟木質

菌柄
多無

子實層
多平滑，顏色多樣；孢子印白色系

體型
小至大型

134

●主圖：亞蓋趨木菌 *Xylobolus subpileatus* (Berk. et Curt.) Boidin，單一菌蓋2~4cm寬。

森林腐木上的平伏菇族

　　沒有菌蓋，革質的菇體平伏貼生，子實層非褶狀也非孔狀，而是多數光滑，少數呈褶皺狀、齒狀、顆粒狀或瘤狀的獨特模樣，這便是皮革菌科成員給人的一般印象。不過這個家族中，也有少數種類長出菌蓋，如台灣低、中海拔十分常見的蠔韌革菌，便是皮革菌科中的特例之一。這種中型的皮革菌，雖然有著明顯的扇形菌蓋，不過還是保留了皮革菌科平滑子實層的傳統，遠望就像腐木上飄著的花瓣，十分美麗。

　　在台灣，皮革菌科的成員也不算少，它們散布於各個

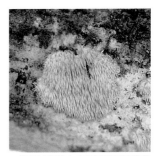
△菇體平伏、表面平滑的年趨木菌，為皮革菌科的一員。

△棉瑚針菌具有皮革菌科不具菌蓋和菌柄的特徵，但其子實層卻呈齒針狀，十分奇特。

海拔高度，就連生活周遭的公園、校園或近郊森林內，也很常看見它們。此科成員多為木棲腐生菌，常可於腐

△有些皮革菌科的成員初生時常見平伏貼生於腐木上，之後逐漸反卷形成一個個吊鐘狀的小菌蓋。

菌蓋
多無

▷ 蠔韌革菌為低、中海拔
闊葉樹腐木上十分常見的
一種中型皮革菌

135

△這種中小型皮革菌，常大面積覆蓋於低海拔闊葉樹腐木上，遠看像是樹木鑲了金絲，因而稱為金絲趨木菌。

木及枯枝表面看見一大片平伏貼生的菇體，或是反卷形成菌蓋的群生菇體，而其中少數種類對活樹具有病原性，嚴重的話可能造成樹木根莖腐朽而死亡，屬於所謂的木棲寄生菌。

具有擬菌孔的皮革菌──膠質乾朽菌

皮革菌科的子實層多平滑，但是有些皮革菌科成員的子實層卻像多孔菌科平伏形的菇體般有著看似菌孔的結構，如春至秋間偶見於中海拔森林腐木上的膠質乾朽菌，它們初生時子實層呈平滑狀，但隨著菇體成熟，便逐漸變成網孔狀。

不過只要仔細觀察這片平伏菇體，便可發現這些網孔並非典型的菌孔，姑且只能說是不規則的角形凹洞形成擬菌孔狀的網孔罷了。

△膠質乾朽菌的子實層皺縮如腸肚般，是它主要的特色。

連神木都怕的寄生菌

全世界檜木有5種，其中台灣就佔了2種——台灣扁柏和紅檜，它們貴為神木級樹木，木材不容易腐朽及蟲蛀，被列為針葉樹的一級木，是相當優良的家具原材，封它們為國寶級樹種也不為過呢。

不過這樣優質的木材也並非金剛不壞之身，一旦碰上了皮革菌科的柏克來絨柄革菌以及木齒菌科（Echinodontiaceae）的紫杉木齒菌就沒輒了，因為這兩者均為木棲寄生菌，前者不但會導致台灣扁柏木材腐朽，還會讓腐朽的木材化為褐色如抹香粉末，此病害因此被命名為「台灣扁柏木材褐色抹香腐病」。至於後者則專挑紅檜

△台灣扁柏樹幹上常見的柏克來絨柄革菌，菇體平伏貼生，不形成菌蓋。

△豆生偽壺擔菌這種平伏貼生的皮革菌具病原性，為引起銀合歡紫衣菌根莖腐病的元凶。

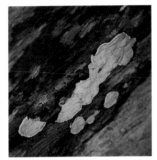
△紅檜木材的主要褐腐菌——紫杉木齒菌

寄生，造成紅檜木材腐朽如蓮藕般的孔洞。

話說回來，以人類來說在野外如果不靠果實幫忙，其實很難區辨出紅檜和台灣扁柏這兩種樹種，不過柏克來絨柄革菌和紫杉木齒菌卻沒有這方面的困擾，它們永遠都能絲毫不差的找對寄主，這個現象可謂是大自然的神奇之一呢。

此外，皮革菌科中還有一些種類不僅沒有形成菇體，環境濕度增高時，還會大面積增生覆蓋於樹幹上，遠望

就像平鋪於樹木上的衣料，相當引人注目，其中最常見有俗稱「紫衣菌」的豆生偽壺擔菌以及赤衣菌。

不要以為這些「布料」可以增添樹木的風采，其實它們都是屬於樹木病原菌，常會造成這些樹木的主幹或枝條腐朽壞死，甚至引起根莖腐病。

△赤衣菌這種平伏貼生的皮革菌具病原性，主要危害樹木的枝條和主幹。

柄杯菌

　　來到低海拔森林，有時在一些腐木上可以找到柄杯菌科的成員，仔細一瞧，側生的菌柄，配上漏斗形或扇形的菌蓋，看起來有幾分似高腳杯的模樣，因而得名。不過翻開背面，似褶非褶的模樣，卻總讓人滿腹狐疑，這到底是什麼菇啊！原來，它們是皮革菌科的近親，革質的外表同樣不見典型的菌褶或菌孔，在台灣，目前只發現 3 種野外紀錄，其中又以「片狀波邊革菌」最為常見且具代表性。

小檔案

分類：非褶菌目柄杯菌科 Podoscyphaceae

分布：世界泛布；在台灣常出現於低海拔闊葉林

種類：10 屬 60 多種；台灣僅 1 屬 3 種

◊ 波邊革菌屬柄杯菌，其扇形菇體背面具有輻射狀褶稜，整體造型常讓發現者驚奇不已。

菌蓋
扇形、漏斗形，表面光滑或覆絨毛，有些種類會多個菌蓋聚生

顏色
多乳白、灰白至淡黃褐色系

子實層
具輻射狀褶稜或小疣；孢子印白色系

體型
中至大型

質地
革質至軟木質

菌柄
多有，側生

●主圖：片狀波邊革菌 *Cymatoderma lamellatum* (Berk. et Curt.) Reid，菌蓋 10~20cm 寬。

△優雅波邊革菌有著灰白、橙褐色相間的美麗紋路，且菌柄也是3種柄杯菌中最為明顯的。

△肉桂色的外表，不明顯的菌柄，加上背面密布的葉脈狀褶稜，讓樹枝狀波邊革菌看似枯葉般。

子實層凹凸不平的有柄扇菇

全世界柄杯菌科的種數並不多，扇形或漏斗形的菌蓋，平滑至有輻射狀褶稜或小疣的子實層，具側生菌柄的菇體，是它們共同的特徵。

在台灣共發現記錄有3種柄杯菌，它們同屬波邊革菌屬（Cymatoderma），外觀上相去不遠，扇形的菌蓋邊緣均呈波浪狀弧度，不過三者在體型大小上，以片狀波邊革菌最大，菌蓋寬達20公分，優雅波邊革菌居中，菌蓋寬7～11公分，而樹枝狀波邊革菌最小，菌蓋僅寬3～6公分。

若想在野外觀察這3種柄杯菌，就得到郊山林地內的腐木上找找，幸運的話，也許有機會可以遇見這群屬於木棲腐生菌的野菇家族。此科成員的平均壽命可達數週，所以在野外不難觀察，而台灣所記錄到的波邊革菌屬菇類，則主要群生於多年生的闊葉樹腐木上，有時甚至多個菇體聚合成一大片，它們會讓腐木白化腐朽，也就是所謂的「木材白腐菌」。

熱帶地區的菇屬 ── 波邊革菌屬

柄杯菌科菇類普遍分布於世界各地，不過唯獨波邊革菌屬菇類，僅分布於泛熱帶地區。

台灣因地處亞熱帶與熱帶交界，所以發現的柄杯菌科成員也僅見波邊革菌屬的蹤跡，其他溫帶地區的柄杯菌科種類仍未有所記錄，由此可以推論，某些菇類在環境的生長條件上是有其特定限制的。

黃藤枯幹上的常客 ── 樹枝狀波邊革菌

黃藤為一種多年生藤類植物，其主幹木質化的程度不是很完全，因此罕見有木材腐朽菌生長其上，但在枯死黃藤的主幹上，卻常可發現樹枝狀波邊革菌，而此菇並未於其他相似樹種的腐幹上發現，由此推論黃藤與樹枝狀波邊革菌之間有著長期演化上的相關。

△黃藤為台灣低海拔山區常見的棕櫚科植物

刺革菌

　　刺革菌科野菇的「刺」不但不會扎人，且還得用「顯微鏡」才能看得仔細！原來這類質地堅硬如皮革般的菇類，在顯微鏡下常可看見子實層間密生黑褐色剛毛，相當特別，因而得名。這個家族中，有些成員可是森林樹木避之唯恐不及的隱形殺手，其中又以有害木層孔菌危害最烈，台灣低海拔木本植物根部病害的元凶，有五成左右都可歸罪於它們喔。

菌蓋
多半圓形、扇形或馬蹄形，形態變化大，有的甚至平伏貼生

顏色
多金黃褐至深赭褐色系

菌柄
多無

小檔案

分布：世界泛布；台灣全島均有分布
種類：約23屬400種；台灣有8屬50多種
分類：刺革菌目刺革菌科Hymenochaetaceae

140

●主圖：有害木層孔菌*Phellinus noxius* (Corner) G. H. Cunningham，菌蓋4~15cm寬。

△顯微鏡下可見刺革菌科的子實層間常有明顯而濃密的剛毛

千奇百怪的刺革菌

刺革菌科菇類質地堅硬、多半無柄,但菌蓋形狀卻千奇百怪,半圓形、扇形、貝殼形、馬蹄形都有,有些種類甚至平伏不見菌蓋,是一個讓人很難捉摸的野菇家族。不過有個鑑定刺革菌科又快又準的絕妙好招,那就是將2%的氫氧化鉀(KOH)溶液,滴到原本多為金黃褐至深赭褐色的菇體上,如果永久變色為黑色,那就可以斷定是刺革菌科的一員了。

△滴到KOH溶液變黑的刺革菌菇體

△厚硬木層孔菌這種大型刺革菌,外觀似馬蹄,又厚又硬。

在台灣,自低海拔到高海拔森林內都可發現刺革菌科成員的蹤跡,它們多著生於木材基質上,屬於木棲腐生菌,有些種類甚至具有強病原性,會引起根腐病,導致樹木萎凋死亡,是所謂的木棲寄生菌。此外,刺革菌科中還有一群特殊的成員——集毛菌屬(*Coltricia*)菇類,它們會與植物根部形成菌根,屬於土棲共生菌,多可見自林地直接冒出。

菌孔
多圓形,少數平滑不見菌孔,罕褶狀,多黃褐色;孢子印白至黃褐色系

體型
小至大型

質地
革質、木栓質至木質

▷ 梅生木層孔菌為刺革菌科的一員,無柄無蓋的模樣,就像貼生腐木上的地衣般。

⌂ 常大面積群生於低海拔腐木上的福爾摩沙纖孔菌,為1998年在台灣新記錄到的刺革菌科種類。

台灣林木最大的敵人
—— 有害木層孔菌

刺革菌科中的有害木層孔菌,對木本植物根部有很強的病原性,它們不但可以侵入樹木死的組織,如心材,也可危害活的組織,如邊材、維管束組織與樹皮,造成維管束組織環狀壞死,導致樹木全株死亡,一般稱此種植物病害為褐根病。

不過,有害木層孔菌很少形成菇體,通常只在受害樹木的樹幹基部表面看見黃褐色的菌絲面生長,所以它們的擔孢子數量非常有限,也因此透過擔孢子做長距離傳染的機會非常低,僅能靠健康根與病根接觸傳染致病,傳播的速度非常緩慢,在野外常可看到受害的樹木是一棵接一棵,而非跳躍式染病,且大約1~2年才會有一棵樹木生病枯死。也因為發病速度緩慢,人們通常不以為意,不過假以時日累積下來的受害森林面積也是相當可觀的。

⌂ 有害木層孔菌多只形成一片褐色菌絲面,很少機會看見木質的菌蓋。

○有害木層孔菌為台灣低海拔地區最常見的樹木褐根腐菌，又名褐根病菌。

中海拔森林演替的推手 ——淡黃木層孔菌

刺革菌科的另一個成員淡黃木層孔菌，主要生長於中海拔殼斗科大型樹木的根部或莖部的心材組織，它們會引起木材腐朽，但不會危害樹木活的組織，因此樹木並不會有立即的生命威脅。但它侵蝕木材組織是緩慢而長期的，在不間斷的消化分解下，樹木的心材會因而空洞化，弱化其機械支撐的力量，所以一旦遇強風或強震，樹木就很容易倒伏，此現象在中海拔成熟闊葉林中非常普遍。

而大樹倒伏之後，便營造了許多森林的孔隙地，讓隱忍林下多時的小樹苗有機會成長茁壯；而蓄積在大樹裡豐富的養分，亦可經由淡黃木層孔菌和其他微生物的分解，回歸自然再循環，所以可以說，淡黃木層孔菌正是推動這類森林生態演替的重要推手。

刺革菌科的異類 ——集毛菌屬

刺革菌科的成員多為木棲腐生菌，只有集毛菌屬是其中的例外。根據野外觀察，它們均由土壤直接冒出，而仔細追蹤菌絲的來源，發現都源於樹木的細根，並與細根形成菌根，所以此類刺革菌被推論屬於所謂的共生性外生菌根菌。

在台灣常見的集毛菌有2種，其中長久集毛菌只出現在中、高海拔的二葉松林內，與二葉松林的生態關係密切；而肉桂色集毛菌則只出現在較低海拔的闊葉林內，應與此類環境內生長的闊葉樹也有著密切的共生關係。不過，目前這些共生關係的研究僅止於觀察階段，深入的生態觀察仍有待加強。

○長久集毛菌常可於中、高海拔二葉松林地上發現，為與松樹共生的一種外生菌根菌。

○淡黃木層孔菌常群生於中海拔殼斗科樹木的樹幹基部，造成老樹根基腐朽而風倒及死亡。

亞洲「黃潮」——桑黃

近年來，日本、韓國運用菇類做為健康食品之中，以俗稱桑黃的裂蹄木層孔菌最為新興熱門。這個刺革菌科的成員，因常於腐爛的桑樹上發現，且切開呈明顯硫黃色，故名桑黃。據說其功效優於靈芝，尤其在抗癌和提升免疫力方面療效相當不錯。其實早在明代李時珍的《本草綱目》中便有關於桑黃藥用與名稱的記載，書中稱其性寒、味微苦，具有利五臟，宣腸氣，排毒氣，止血等功效。

但因桑黃為多年生菇類，菌絲成長緩慢，不易人工栽培，目前多採自野外，所以使用並不普遍。市售的桑黃據說多採自中國東北的長白山地區，在台灣也僅偶見於低、中海拔的闊葉林中。令人欣慰的是，近代科學已經證實除裂蹄木層孔菌外，刺革菌家族中的火木層孔菌、淡黃木層孔菌、松木層孔菌等也具有同樣的功效，台灣民間常將它們一併通稱為「桑黃」哩。

△取自裂蹄木層孔菌的中藥桑黃

△淡黃木層孔菌也同屬桑黃的一種

瑞奇纖孔菌的身世之謎

過去刺革菌科中一種稱為瑞奇纖孔菌的菇類，僅知分布於美國亞利桑那州的森林內，世界其他地區都沒有它的野外紀錄，但1995年，卻在偏遠的金門發現它們生長於木麻黃上。這對科學家來說很難找到合理的解釋，只能推測說，或許瑞奇纖孔菌是一個稀有種，世界其他地方也有，只是沒被發現記錄；另一種可能的推測是，瑞奇纖孔菌是經由人類不經意

△裂蹄木層孔菌常可於低、中海拔的桑樹上發現，是俗稱桑黃的一種。

⛊生長於金門地區木麻黃上的瑞奇纖孔菌，是台灣刺革菌科中的稀有種。

⛊瑞奇纖孔菌附近常可同時看見一個金黃圓球般的怪菇，不斷飛散出粉末，那是它的不孕菇體。

裝木製品中，可能夾帶了瑞奇纖孔菌這種木生性菇類的孢子或菌絲，而它們又於金門找到適合生長的環境與基質，因此也樂於在金門落地生根了。

此外，刺革菌科還有另一成員——羅德威纖孔菌也具有相似的命運。原本此菇僅分布於澳洲，且為澳洲當地的常見種，如今卻神奇的出現在遙遠的台灣，且只在台中一帶發現，數量相當稀少，至於此菇是否是因人類的無心攜帶而選擇客居於此，就得靠有心人解謎了。

帶入金門，這個可能性非常高，因為金門曾經是美軍人員及物質密集介入的地區。在美軍運送物資所使用的包

⛊台中地方稀有罕見的羅德威纖孔菌，原是澳洲當地的常見種。

雞油菌

看過黃澄澄的雞油吧！「雞油」菌就是取其色澤而得名的。而且此科菇類的成員雖然有柄也有蓋，不過造型可不傳統，喇叭形的外表，替這個家族樹立了獨特的風格，因此也有人稱它們為「喇叭菌」。再者，對人類來說，雞油菌可說是上天賞賜的美味，該科全部種類均可下肚，而世界著名的食用菇名單上，它們也有幾位成員晉身其中呢。

小檔案

分類：非褶菌目雞油菌科Cantharellaceae
種類：約4屬100種；台灣有2屬8種
分布：世界泛布；台灣常出現於低、中海拔天然林內

質地
肉質或薄韌質，易腐爛

菌蓋
漏斗形或喇叭形，表面光滑或覆有絨毛

顏色
多白、淡黃至灰黑色系

菌柄
中生，多中空

◁ 喇叭菌屬的菌柄多為中空

●主圖：雞油菌Cantharellus cibarius Fr.，菌蓋3~8cm寬。

△春至秋間，常可於低、中海拔天然林中發現群生的雞油菌。

雞油菌兩兄弟比一比

雖名「雞油」菌，但並不代表所有雞油菌科的成員都有著雞油般豔橘黃的色澤，有些種類甚至呈暗灰色，反倒是喇叭形或漏斗形的菌蓋逐漸延生在菌柄上，成為雞油菌科最大的共同特色。而最特別的是，若是仔細觀察子實層表面，可見有些種類光滑，有些則具皺褶狀紋路，尤其有些的皺褶分布均勻且隆起，乍看像菌褶般，如雞油菌，不過因為並非真正的菌褶，所以才從褶菌類被移出到非褶菌類。

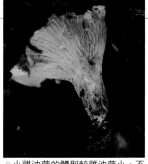

△小雞油菌的體型較雞油菌小，不過也具有皺褶狀的子實層。

△有些喇叭菌屬的成員，不僅全株非橙黃色，且子實層也呈平滑而非皺褶狀。

體型
中至大型

子實層
具脈狀隆起皺褶或平滑，白、黃至灰黑色；孢子印白色系

△低海拔林地上常見的金黃喇叭菌，雖有著雞油菌般的鮮豔外觀，但子實層卻平滑不見皺褶狀紋路。

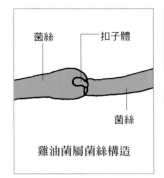

菌絲　扣子體

菌絲

雞油菌屬菌絲構造

　　而雞油菌科的成員常見有2屬：雞油菌屬（*Cantharellus*）和喇叭菌屬（*Craterellus*），其中雞油菌屬的特色是：菇體肉質，子實層多具褶狀稜，少平滑，且顯微鏡下觀察菌絲可見兩菌絲間具一扣子狀的扣子體。喇叭菌屬的特色則為：子實菇體常為膜質，子實層多平滑，少皺褶狀，菌絲無扣子體。

可遇不可求的天然林住客

　　雞油菌科的成員非僅外型獨特，而且在野外也不是那麼常見，在台灣通常只能於少受人為干擾的天然林中才能發現，而人類活動頻繁的處所則很少有發現的紀錄。而且這群天然林的住客多為外生菌根菌，喜與樹木的根部共生形成菌根，發現時多見自林地直接冒出。另外，因為體型不是很大，加上生長時間僅數日且菇體多薄肉質、易腐敗，所以如果在野外與它們相遇，可是相當幸運的呢。

十足的野味——雞油菌

　　所有雞油菌科菇類都可食用，其中又以雞油菌因具有特殊的杏香氣味及滑嫩的質地，堪稱人間美味，名列歐美著名的食用菇之一，在東方更記載其具明目利肺、清腸益胃之效。不過它雖有名卻不普遍，這是因為此菇為一種外生菌根菌，無法以人工大量栽培，只能在春至秋間野外出菇時，才能採集享用，因此讓這種食用菇倍顯珍貴。

　　若有幸於野外採到雞油菌，烹飪時須注意若泡水過久菇體會海綿化，失去原有的風味，因此以煎炸的方式料理最佳。而以此菇烹調出來的菜餚香味淡雅可口，令人難忘，加上採集不易，所以市價居高不下，也就不足為奇了。

◁ 喜與殼斗科樹木根部共生的灰色喇叭菌，炎夏時，偶爾可於中海拔林地上發現散生的菇體。

▽雞油菌外表呈鮮豔的杏黃色，加上散發出濃濃的杏香，故別名杏菇。

雞油菌的近親──釘菇科

　　釘菇科（Gomphaceae）無論外觀或生態習性都與雞油菌科非常接近，它們的菇體也呈漏斗形至喇叭形，子實層平滑至皺褶狀，而且也都是與樹木根部形成菌根的外生菌根菌。

　　此兩科最大的不同在於顯微鏡下的擔孢子形態：雞油菌科的擔孢子表面平滑，但釘菇科的孢子表面卻粗糙突起。

　　此外，釘菇科雖然外觀和雞油菌相似，卻多具毒性，不宜食用，如台灣高山針葉林偶見的毛釘菇，便曾出現有人吃過引起腸胃不適的症狀。因此，在野外採到喇叭狀菇類時，如果想一嘗鮮美的野味，就得先驗明正身，免得惹禍上身。

△這種生長於高山針葉林內的釘菇科成員，和雞油菌科同屬土棲共生菌。

◁釘菇科的子實層和雞油菌科相似，多呈皺褶狀。

珊瑚菌

熱帶海洋裡美麗而多樣的珊瑚世界，常讓潛水者讚嘆不已，不過，如果認識了野菇世界中珊瑚菌科的成員，更會感受到大自然造物的神奇。這些由菌絲聚生呈珊瑚狀分支或直立單支的菇類，不僅外觀與海底珊瑚神似，就連色澤也同樣鮮豔動人，常讓發現者有種時空錯置的感覺。而它的近親枝瑚菌科、鎖瑚菌科、杯珊瑚菌科，也因外型狀似珊瑚，同被歸為「珊瑚菌類」呢。

小檔案

分布：世界泛布；台灣全島均有分布
種類：8屬120種；台灣有4屬7種
分類：非褶菌目珊瑚菌科Clavariaceae

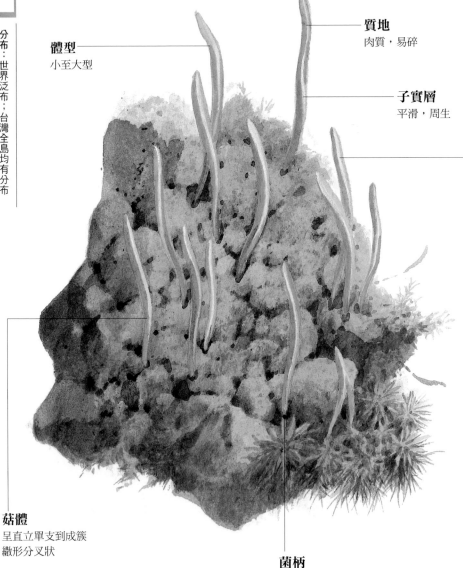

體型
小至大型

質地
肉質，易碎

子實層
平滑，周生

菇體
呈直立單支到成簇
纖形分叉狀

菌柄
不明顯，與子實層很難區分

●主圖：亮多珊瑚菌*Multiclavula clara*（Berk. et Curt.）Petersen，菇體1~1.5cm高。

△珊瑚菌科個頭多半不大，卻常因顏色鮮豔且成群出現而引人注目。

顏色
多鮮豔，少數較暗淡

質脆易斷的美麗珊瑚菇

　　顧名思義，可知珊瑚菌科這群菇類的外表狀似珊瑚。它們有些種類呈繖形分支狀，有些則為直立單支狀；有些種類的色澤鮮豔且體型較大，相當引人注目，有些則較為暗淡且個頭嬌小，不易發現。至於質地方面則多數種類的菇體為肉質且易碎裂，所以野外採集時須特別謹慎小心。

　　在台灣，自低海拔到高海拔森林內都可發現珊瑚菌科的蹤跡。它們多為腐生菌，往往成簇或成群出現。此科

△紅擬鎖瑚菌有著扁平棍棒狀的外觀，鮮豔橘紅的顏色，因而又稱「紅豆芽菌」。

△低、中海拔闊葉林地上常發現的紡錘形擬鎖瑚菌，屬於中型的珊瑚菌，顏色鮮豔引人。

▷ 炎夏時，在中海拔的松林內大量群生的紫珊瑚菌，為珊瑚菌科中土棲腐生的種類。

観察篇

非褶菌類・珊瑚菌科

151

成員中有的喜歡著生於腐木，屬於木棲腐生菌，有的直接自林地上冒出，屬於土棲腐生菌，僅少數種類為土棲共生菌。

子實層周生的原始真菌

子實層周生也是珊瑚菌科的特色之一，也就是說珊瑚菌科形如枝條向上生長的菇體表面，到處都有子實層存在，可以觀察到擔子、擔孢子等微細特徵，這和一般菇類的子實層多單面生於菌褶或菌孔表面相當不同。

如此一來，當天氣乾燥時，一陣風吹過，珊瑚菌科菇類便能直接散出孢子，而一旦遇到下雨，也能藉雨水將孢子帶至地面萌發，所以和

△枝瑚菌科的葡萄狀枝瑚菌，為一種鮮美可口的食用野生菇，不僅肉質脆嫩，且因塊頭不小，食用價值高。

子實層

子實層周生的珊瑚菌

一般菇類相比，雖少了一層保護，卻有利於孢子傳播，而真菌專家也因此特性視它們為較原始的一群真菌。

保健新興食品 ——珊瑚菌

珊瑚菌肉質脆嫩，鮮甜爽口，是美味食用菇之一，無論東、西方國家，對其在飲食保健上的應用，都極為推崇。中國民間流傳此類真菌性平味甘，有調和胃氣、祛風、破血、止咳、止痛、消腫等作用，常用來醫治胃痛、宿食不化和痛風等症狀。現代營養學則分析出此類真菌的確含有豐富的優良植物

性蛋白質和多種胺基酸，近年來更被當成是美容養顏之補品食用呢。

然而珊瑚菌科的成員雖然多半可食，但因菇體不大，食用價值不高。不過其中有種稱為紫珊瑚菌的種類，因出現時數量很多，加上口感脆嫩好吃，是一種廣受日本人喜愛的食材，當地人將其捲於海苔中或油炸來吃，據說十分美味。

其實，說到最普遍常見的食用珊瑚菌，應以枝瑚菌科的葡萄狀枝瑚菌最具代表。此菇體型大且分支眾多，外觀像支掃把，中國俗稱其為「掃帚菌」，目前在醫學上已證明此菇具抗癌之效，為新興的保健食用菇之一。

陸生「珊瑚」大集合

除了珊瑚菌科外，枝瑚菌科（Ramaria-ceae）、鎖瑚菌科（Clavulinaceae）、杯珊瑚菌科（Clavicoronaceae）也同屬珊瑚菌類，不過除此之外，膠質菌中的花耳科（Dacrymycetaceae）菇類，也因外型狀似珊瑚而常被誤認。

若想好好分辨這些陸生「珊瑚」的不同，首先可以稍折菇體，若不易折斷，加上顯微鏡觀察其擔子為雙叉戟形，便可確定是花耳科的成員。

至於珊瑚菌類，因為在台灣目前約只記錄13種，所以辨識上還不會太困難。其中種數最多的為珊瑚菌科，而形態美麗也較大型的枝瑚菌科可見 3 種，鎖瑚菌科 2 種，杯珊瑚菌科則僅有杯珊瑚菌 1 種。

⬡枝瑚菌科的金黃枝瑚菌，明亮的蛋黃色菇體分支眾多，像極了海裡的珊瑚。

⬡杯珊瑚菌的分支頂端可見王冠般的裝飾，因此英名稱為crown coral mushroom。

⬡常被誤認為是珊瑚菌類的黏膠角耳，屬於花耳科，其質地較堅韌、不易折斷，且擔子呈叉狀。

⬡這種鎖瑚菌屬菇類，為台灣發現的鎖瑚菌科其中一種。

革菌

革菌科菇類多以林地為家，成員總數不多，形態卻千變萬化，讓人很難勾勒出整個家族的輪廓。不過還好台灣目前只發現1屬3種，在野外並非很難辨認。其中以棕色革菌最常發現且具代表性，多個革質的菌蓋自同一菌柄長出，狀似一朵有著白緣花瓣的繡球花，而其他兩種多瓣革菌和蓮座革菌則較不常見，前者菇體呈珊瑚分支狀，後者則狀似蓮座。

小檔案

分布：世界泛布；在台灣常出現於低、中海拔森林

種類：13屬80種；台灣有1屬3種

分類：非褶菌目革菌科Thelephoraceae

菇體
台灣常見為重瓣狀或珊瑚分支狀

體型
多中型

質地
革質

菌柄
有或無

●主圖：棕色革菌 *Thelephora fuscella* (Cesati) Lloyd，單一菌蓋3~7cm寬。

△棕色革菌為革菌科的代表種之一，可藥用，具抗癌之效。

林地上無孔無褶的平滑菇族

　　革質的菇體，平滑的子實層，是革菌科外觀上最大的特色。它們的形態十分多樣，有的像一般硬菇呈扁平扇形，有的則像繡球花，多個菌蓋自同一菌柄長出，有的狀似珊瑚菌，還有的呈漏斗狀。不過還好可以運用氫氧

△滴到KOH溶液變色的革菌科菇體

化鉀（KOH）溶液來區辨它們真正的身分：滴在菇體上，若變色呈暗綠或墨綠色，則可斷定此種菇類為革菌科的一員了。

顏色
多樣，白、灰、黃褐至近黑色系均有

子實層
平滑或稍具乳突，灰白、黃褐至黑色；孢子印黃褐色系

▷ 外觀呈珊瑚分支狀的多瓣革菌，為外生菌根菌，秋至春間，偶見於低、中海拔闊葉林地上。

155

這科成員多為腐生菌，其中多數種類會自林地直接冒出，屬於土棲腐生菌，而只有少數種類會從腐木上長出，屬於木棲腐生菌。此外，革菌中還有些種類屬於土棲共生菌，如台灣發現的三種革菌便屬此類，它們主要分布於低、中海拔森林中，喜與闊葉樹的根部共生。

△外觀和棕色革菌相似的蓮座革菌，整體顏色較淡，為一種外生菌根菌，喜與郊山闊葉樹的根部形成共生。

奇特的擔孢子

真菌的微細構造是分類上的重要依據，其中又以孢子的形態最是重要，革菌科成員屬於擔子菌，其近球形至角形的擔孢子非常特別，不但常有著明顯的顏色，且表面也常不太平順，不是具有瘤狀物，就是具有小刺，在顯微鏡下十分易辨。

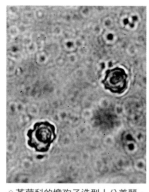

△革菌科的擔孢子造型十分美麗，多具小瘤或小刺。

革菌家族的勇將
——土生革菌

革菌科中的土生革菌，在外生菌根菌界可是赫赫有名。在大自然中，尤其在松科樹木根部附近的地表，常是它與腹菌類豆馬勃科（Pisolithaceae）中號稱「菌根王」的彩色豆馬勃短兵相接的戰場。這兩者相互爭鋒誰也不讓誰，一旦對方稍加休戰，另一方便獨霸天下，更厲害的是，土生革菌也可在腐木上生長，意味著它也是一種腐生菌，侵佔地盤的戰力相當充沛，不過本種多出現於溫帶地區，所以地處熱帶、亞熱帶的台灣至今尚無發現紀錄。

△土生革菌

△彩色豆馬勃

雲南名菜
——三絲干巴菌

　　中國雲南地區因獨特的氣候條件和地理環境，大型真菌高達15萬種以上，因而擁有「真菌王國」之稱，其中不乏珍貴且美味的食用菇類，所以雲南料理中以菇為主角的菜餚不算少，其中地方名菜「三絲干巴菌」，便是將雞絲、辣椒、火腿拌炒雲南特產的一種野菇——干巴革菌而成的一道佳餚。

　　說到這干巴革菌，也屬於革菌科的一員，黑黑的外表看起來不怎麼美味，吃起來就像雲南回族人特製的牛干巴（一種牛肉乾），咬勁十足且有股特殊的香濃氣味，口感相當獨特。不過因為此

△干巴革菌

菇屬於外生菌根菌，很難人工培養，而且僅分布於雲南地區的松林內，所以可說是雲南當地相當珍貴的特產食用菇。

子實層平滑的相似野菇

　　除了革菌科外，子實層亦呈平滑狀的相似野菇，包括了外觀上比革菌科更像繡球花的繡球菌科（Sparassidiaceae），以及菇體呈管狀或杯狀的掛鐘菌科（Cyphellaceae）。

　　其中繡球菌科共有3屬7種，台灣可見1屬1種，即為繡球菌屬（*Sparassis*）之繡球菌。這種乳白至乳黃色的大型菇類，多自中海拔林地上冒出，其粗大的菌柄上常可見許多球瓣狀的不規則分支，全株最大可達40～50公分寬，所以無論顏色、形狀或大小，都和古代拋繡球娶親用的繡球十分相似。

　　另外，掛鐘菌科約有6屬70～80種，台灣則可見1屬2種。此科菇類因子實層平滑且菇體近革質，所以被歸為革菌科的近親，所屬成員一般都小於0.5公分，且常倒掛於枯枝落葉上，開口向下，狀似懸掛的吊鐘，因而得名。在台灣，則以夏季生長在低海拔枯竹稈上的帽形菌較為常見且具代表。

△繡球菌可供食用，質地像白木耳，味道還不錯。

△炎夏常成群自腐竹上冒出的帽形菌，全株無論裡外均平滑無褶，看似一頂輕薄的小白帽。

鳥巢菌

鳥巢菌科的個頭都不大，在野外不容易發現，不過只要看過一眼，就不難想像為何有著如此逗趣的稱謂。它們那一個個的菇體，沒蓋又沒柄，像極了縮小版的鳥巢，更特別的是，裡面還有一顆顆小蛋狀的物體，稱之為小孢體，如果不是壓碎這些小「蛋」後，會有許多孢子散出，實在很難讓人將這個外型奇特的東西，與菇類劃上等號呢。

小檔案

分類：鳥巢菌目鳥巢菌科Nidulariaceae
種類：4屬56種；台灣有3屬9種
分布：世界泛布；台灣全島均有分布

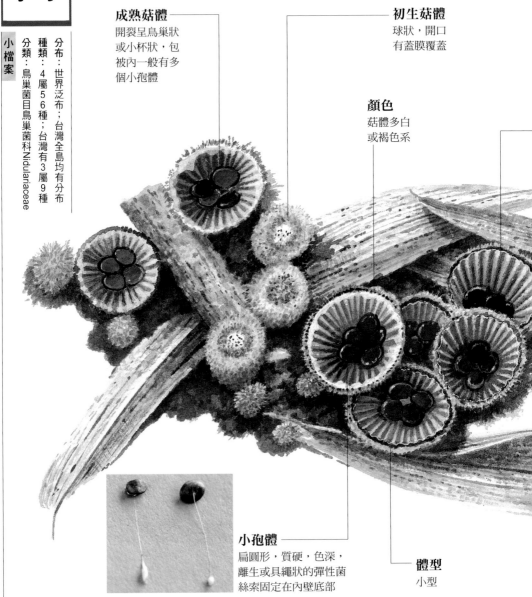

成熟菇體
開裂呈鳥巢狀或小杯狀，包被內一般有多個小孢體

初生菇體
球狀，開口有蓋膜覆蓋

顏色
菇體多白或褐色系

小孢體
扁圓形，質硬，色深，離生或具繩狀的彈性菌絲索固定在內壁底部

體型
小型

158

● 主圖：隆紋黑蛋巢菌Cyathus striatus Willd.: Pers.，菇體0.6～0.9cm寬。

△鳥巢形外觀，內含鳥蛋狀小孢體，是鳥巢菌科最典型的外觀特色。

質地
革質，具1～3
層的包被

會生「蛋」的奇特小菇

鳥巢菌科菇類的外觀與典型野菇十分不同，它們多屬小型菇類，初生時呈球狀不見開口，之後包覆開口的蓋膜會自頂端逐漸開裂，此時整個菇體呈小杯狀，杯內則可見多個扁圓形的蛋形物，原來這些「蛋」稱為小孢體（peridioles），它們可說是擔孢子的集合體，內部埋藏了數量豐富的擔孢子。

此科成員多為腐生菌，生長的基質相當多樣，枯枝、腐木、竹子或肥沃土壤，甚至動物排遺都是它們不錯的選擇。在台灣，從平地竹林到高海拔森林，均可發現鳥巢菌成群出現的蹤跡。

△常於低海拔竹林地上發現的隆紋黑蛋巢菌，是台灣最常露臉的鳥巢菌。

△糞生黑蛋巢菌的名字雖有「糞生」一詞，不過春、夏間，只要於郊山林地或庭園內的肥沃土壤表面找找，都有機會發現群生的菇體。

△小孢體為黑色的隆紋黑蛋巢菌，為黑蛋巢菌屬的一員。

△小孢體為白色的乳白蛋巢菌，為白蛋巢菌屬的一員。

△小孢體為紅色的白絨紅蛋巢菌，為紅蛋巢菌屬的一員。

鳥巢菌三兄弟

全世界的鳥巢菌科成員共有4屬，在台灣常見的有3屬，想分辨這3屬鳥巢菌的異同，首先可從「巢」內「蛋」的顏色找到線索，即黑蛋巢菌屬（*Cyathus*）的小孢體如名所指多為黑色，白蛋巢菌屬（*Crucibulum*）的則多為白色，而紅蛋巢菌屬（*Nidula*）即為紅色了。

此外，若用放大鏡仔細觀察這3屬的小孢體，還可發現前兩者的小孢體在基部處均有一條彈傘菌絲索與內壁相連，而紅蛋巢菌屬的小孢體則無。若再進一步比對黑、白蛋巢菌屬兩者的小孢體差異，則可看見前者小孢體的表面薄且不具外膜，後者的小孢體則覆有一層厚且白的外膜。

神乎其技的繁衍方式

傾盆大雨時，若有機會慢速拍下鳥巢菌科傳播孢子的影像，絕對會讓人讚嘆大自然的奧妙。

一旦雨水打在鳥巢菌科菇

類的小孢體上，尤其具有彈
傘菌絲索的種類，它們便會
像施展高空彈跳的絕技般，
利用彈簧般的彈傘菌絲索順
勢將小孢體高高彈出空中，
等到落下時，彈傘菌絲索更
發揮了鉤子的作用，將小孢
體緊鉤在附近的枯枝、落葉
或草叢中，藉此傳播孢子，
或是等到草食動物吃草時將
落在地面的小孢體一同吃下
，最後帶到較遠處排出，如
此一來，不僅達到傳播的目
的，甚至還能就地利用動物
排出的糞便養分繁衍下一代
，真可說是一項相當巧妙的
設計。

此外，鳥巢菌科還有個近
親──彈球菌科（Sphaero-
bolaceae），其中彈球菌屬（
Sphaerobolus）的成員個頭小
小的，大約都不超過0.25公
分，不過卻具有一個像彈丸

■鳥巢菌科奇特的傳播方式

① 雨水落下，小孢體彈出，鉤在草叢中
② 草食動物吃草時，連同孢子一同下肚
③ 孢子隨糞便排出，趁機發芽冒出菌絲
④ 菇體長出，伺雨天再度傳播孢子

般的產孢組織（孕育孢子之
處），等到內部的孢子成熟
後，一旦被雨水打到，便像
高射砲般自行快速噴彈出去
，有時甚至會夾帶「碰」的

一聲，十分有趣。具文獻記
載這種傳播方式最遠可噴射
至5～6公尺之外，比起鳥巢
菌科的高空彈跳更是神乎其
技了。

△台灣發現的彈球菌科真菌

進化的腹菌

腹菌類真菌不僅外觀與一般擔子菌十分不同，在孢子保護
與傳播方式的演化上也區別很大。如果用植物來比喻，一般
稱為層菌類的擔子菌（褶菌類、非褶菌類和膠質菌類）因擔
孢子均裸露於外，就像蕨類等較為低等的裸子植物般，所以
稱為裸果型真菌，此類真菌的擔孢子成熟時，可以主動彈射
散播。然而，腹菌類真菌的擔孢子則像較高等的被子植物，
被保護於菇體之內，所以稱為被果型真菌，此類真菌的擔孢
子成熟時，菇體會裂開，不過裡面的擔孢子多半不會主動彈
射而出，而是等到下雨或環境條件合適生長之際，才藉由雨
水、風或昆蟲將擔孢子傳播出去，設計十分精良，也因此一
般被認為是較為進化的真菌。本篇的主角鳥巢菌科即為腹菌
類的代表之一，之後即將登場的馬勃科、硬皮馬勃科、鬼筆
科也同屬此類。

馬勃

馬勃科的成員，初生時外觀狀似包子，不過隨著菇體成熟，顏色會逐漸從白轉深至馬糞般的暗褐色，因此又名「馬糞包」。此外，若將這個成熟菇體拿在手中，感覺質輕如棉，用力一捏，還會從頂端開口處，噴散出大量灰土般的褐色系孢子粉，一鬆手菇體又恢復原狀，十分有趣，所以也有人稱之為「灰包」，而英文更取此特性，名為puffball，形容它就像個吹脹的汽球般。其中，網紋馬勃是台灣常見的種類，各個海拔林地上均可發現。

小檔案

分類：馬勃目馬勃科Lycoperdaceae
種類：18屬158種；台灣有3屬13種
分布：世界泛布；台灣全島均有分布

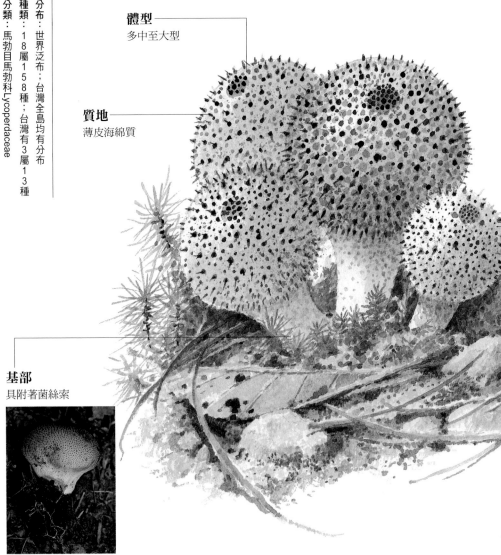

體型
多中至大型

質地
薄皮海綿質

基部
具附著菌絲索

●主圖：網紋馬勃Lycoperdon perlatum Pers.，菇體2~2.5cm寬。

△馬勃科成員菇體成熟後，全株轉深為褐色，包被頂部常開裂，散出大量的孢子粉。

皮薄餡多的「包子」菇

△梨形馬勃是馬勃科中少見長於腐木上的成員

馬勃科外觀球形至陀螺形，但大小不一，小至彈珠，大至足球都有。整個菇體被1～4層緊密聚合的薄膜包被包裹著，內部則為產孢組織聚合而成如海綿般的孢子團，所以用力一捏，菇體便會凹陷，不過因包被質韌富彈性，所以一旦鬆手，菇體還會恢復原狀。

在野外若有機會觀察馬勃，會發現它們初生時全株雪白如包子般，不過幾天後再回來察看，這個「包子」菇完全變了模樣，不僅顏色變深，有些頂上還開了洞，或是整顆殘破不成形呢。

在台灣想找到馬勃科菇類並不難，從平地草地到高海拔森林，一年四季都有機會發現它們散生至群生的蹤跡。此科成員均為腐生菌，常可見直接自地表冒出，屬於土棲腐生菌，不過也有少數一些種類是以腐木甚至糞便為家，屬於木棲腐生或糞棲腐生菌。

初生菇體
球形至陀螺形，白色，表面具疣或刺

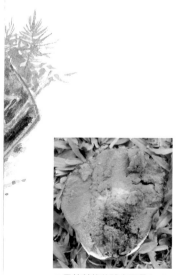

△馬勃科的菇體表面具1～4層質韌富彈性的薄膜包被，內部則為灰至褐色孢子團。

△雖名「冬季」馬勃，在台灣卻全年均可於低海拔田野草地上，找到散生或簇生的菇體。

硬皮馬勃

硬皮馬勃科可說是野菇世界中鼎鼎有名的「石頭」家族！原來此科的成員全都長成一顆顆土黃色的石頭狀，摸起來硬邦邦的，而且還常散落於林地之間，也難怪有人會把它誤認為「石頭」了。不過，切記不要因為好奇而去踩它或踢它，否則可能會像踩到地雷般，整個菇體爆炸開裂，散放出大量的孢子粉四處飛揚，讓人大吃一驚呢。

小檔案

分布：世界泛布；台灣全島均有分布
種類：6屬45種；台灣有1屬6種
分類：硬皮馬勃目硬皮馬勃科Sclerodermataceae

體型
小至中型

顏色
菇體多黃褐色系

初生菇體
球形至扁球形

基部
具附著菌絲索

成熟菇體
包被頂部裂開或
呈星狀瓣裂

●主圖：多根硬皮馬勃*Scleroderma polyrhizum* Pers.，菇體4~10cm寬。

△硬皮馬勃科因具有 1 層韌質的厚包被，所以菇體堅硬如石，內部則為紫黑至深黑色的孢子團，且綴有白色孢絲。

質地
硬質

定時開爆的「石頭」菇

球形至扁球形的外觀，棕黃色的外表，看來狀似馬勃科的一員。不過硬皮馬勃科的成員即使歷經數週的生長，菇體的顏色始終如一，並不像馬勃科隨著成熟而由白轉褐；此外，硬皮馬勃也如

△龜紋硬皮馬勃菇體成熟時，表皮會像紙張撕裂開來，散出大量的灰紫色孢子粉。

△橙黃硬皮馬勃的土黃色堅硬菇體，狀似林地上散落的石頭。

其名，全株捏起來堅硬如石，若有機會切開菇體，還可見它們的表面多半有層硬實的厚包被，緊密包藏著由產孢組織聚成的紫黑至深黑色孢子團，也難怪被稱之為「硬皮」馬勃了。

至於孢子傳播的方式，硬皮馬勃科倒是和同屬腹菌類的馬勃科十分類似。它們的孢子成熟時，菇體會像火山爆發般，從開裂處四散噴出煙霧狀的孢子粉哩。

▷ 多根硬皮馬勃菇體成熟後，表皮開裂呈星狀，孢子團則露出並逐漸飛散，最後留下的就像張開的死人手，有些駭人。

尋訪硬皮馬勃的故鄉

在台灣，從平地到低、中、高海拔森林內，都可發現硬皮馬勃的蹤跡。

此科成員除了外表和馬勃科有所區別外，就連生長習性也和它們大大不同。想要觀察硬皮馬勃，就得到林地上尋找，尤其在松科或殼斗科樹木附近的林地上，常可發現散生至群生的菇體。這是因為此科成員多為土棲共生的外生菌根菌，喜與松科或殼斗科這些樹種共生，而和馬勃科多為土棲腐生菌有所差異之故。

△龜紋硬皮馬勃是一種喜與殼斗科樹木共生的外生菌根菌，春、夏時，常可於郊山林地上發現。

牛肝菌的近親？！

一般人大概很難將硬皮馬勃和牛肝菌擺在一起，不過以現代分子生物學觀點，沒有什麼是不可能的。這是因為以前多靠外觀和微細特徵

△散生於高海拔林道上的光硬皮馬勃

分門別類，現在的分子生物學則是從DNA基因序列，分析物種之間的親緣性。1988年外國學者Bruns分析硬皮馬勃科成員的DNA基因序列時，發現它們與牛肝菌科圓牛肝菌屬（*Gyrodon*）菇類的親緣性很近，便提出硬皮馬勃科應該歸屬於牛肝菌目之說。

⇨ 圓牛肝菌外型和硬皮馬勃十分不同，卻有著相近的親緣關係。

共生性的球形腹菌家族

鬚腹菌科（Rhizopogonaceae）和豆馬勃科（Pisolithaceae），不僅外觀和質地都與硬皮馬勃科相似，呈硬質球形，且都屬於共生性腹菌，常可於林地上發現而被誤認。下面提供這兩個相似的腹菌家族之相關資料，讓讀者可以進一步認識它們。

鬚腹菌科：近球形至塊莖狀的外觀也常和硬皮馬勃科成員弄混，不過它們多埋生於土中或半露於土表，而內部的產孢組織則呈迷宮狀，質地為肉質至脆骨質，罕粉末狀，其間也不見白色的孢絲。全世界有 4 屬150種，台灣只在金門地區的松林下發現鬚腹菌屬（*Rhizopogon*）的紅鬚腹菌 1 種，當地人稱之為松菇，成熟時稍稍露出地面，挖出後，可見一個個像剝皮荸薺般的白色菇體，幼嫩時可烹煮食用。

豆馬勃科：原歸於硬皮馬勃科之豆馬勃屬，現已自立一科。全世界 有 1 屬 5 種，台灣則可見彩色豆馬勃 1 種。其最大的特色就是：包被薄膜質，且產孢組織聚成豆粒狀、亮黃色的孢子團，埋藏在黑褐色膠質之間，因而得名。再者，此菇成熟時並不開裂，而是整個菇體自頂端由上往下逐漸化為赭褐色孢子粉，飛散消失。

附帶一提，若是不小心碰到正在風化的彩色豆馬勃，常會滿手沾染上黃色的孢子粉，擦也擦不掉，讓人不甚愉快。不過，你知道嗎？這些粉末不只具消炎止血之效，而且還有一項相當獨特的功用——可放入染缸中，染出色澤美麗的黃色布疋。

⇧紅鬚腹菌

⇧彩色豆馬勃

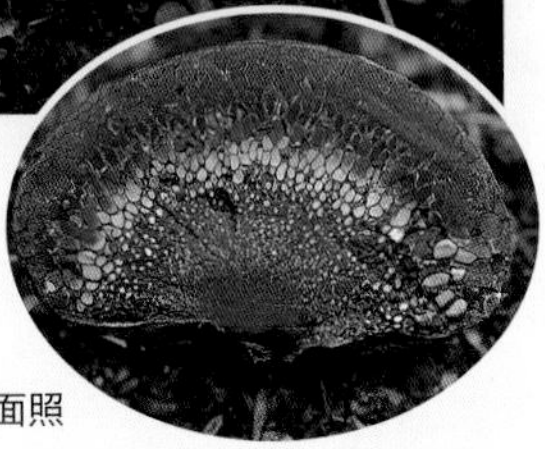
⇨ 彩色豆馬勃剖面照

鬼筆

偶爾在林下遠遠會聞到一股腐屍般的惡臭味，令人不自覺寒毛悚立，循著味道四處搜尋，竟然有隻手指狀的物體半掩於地面的枝葉間，十分嚇人，靠近細瞧，原來是野菇世界中聞名遐邇的鬼筆，也因此有人形容其為「死人的手指」。不過，讓人想也想不到，味鮮氣香的珍貴食材——竹蓀，竟然系出同門，仔細想想，筆狀的菇體的確符合其一，而惡臭部位因烹煮時就先去除，所以人們通常也就忘記它真正的身分了。

小檔案

分布：世界泛布；台灣全島均有分布
種類：23屬77種；台灣有6屬11種
分類：鬼筆目鬼筆科Phallaceae

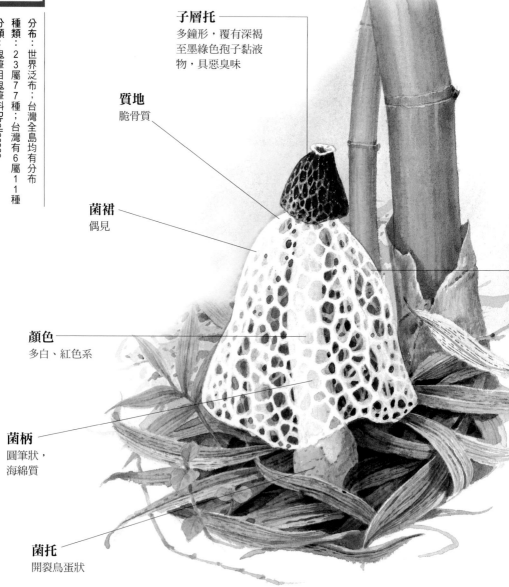

子層托
多鐘形，覆有深褐至墨綠色孢子黏液物，具惡臭味

質地
脆骨質

菌裙
偶見

顏色
多白、紅色系

菌柄
圓筆狀，海綿質

菌托
開裂鳥蛋狀

●主圖：長裙竹蓀*Dictyophora indusiata* (Vent.: Pers.) Fisch.，菇體18~24cm高。

△鬼筆科的子層托，滿覆黏液狀的孢子，且會發出惡臭吸引各種昆蟲幫忙傳播孢子。

△鬼筆科初生似鳥蛋狀

體型
中至大型

破蛋而出的筆狀菇族

鬼筆科成員初生時像顆鳥蛋，等到菇體成熟後，這顆「鳥蛋」便逐漸開裂，伸出海綿質、筆狀的菌柄，而當初的「鳥蛋」則多留在菌柄下方，形成開裂鳥蛋狀的菌托了。此外，鬼筆科還有一項特色，就是它那令人不悅的氣味，原來在其菌柄頂端常可見鐘形子層托，內含孕育孢子的產孢組織，一旦產孢組織成熟便液化呈黏液狀，並不時發出惡臭味，有人因此稱之為「臭角菌」，且迷信只要看到鬼筆便是一種不祥的預兆。

▽春、夏間，在低海拔竹林內偶爾可見竹林蛇頭菌，狀似紅頭小蛇自地表鑽出。

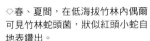

△竹蓀破蛋而出

△竹蓀伸長菌柄

△竹蓀長出菌裙

171

可遇不可求的賞菇時機

在台灣，從平地竹林到高海拔森林，都可發現鬼筆科的蹤跡。此科成員多為土棲腐生菌，常單株或多株自地表直接冒出。

雖然鬼筆科的成員分布廣泛，不過由於菌柄的質地為海綿質，伸展迅速，所以從鳥蛋狀的初生蕈至腐敗倒地的過程相當快速，以至於想要觀察到完整的菇體往往可遇不可求。下次在林地上發現鬼筆科的初生蕈時，若想

△伸出菇體的細皺鬼筆，可看見頂部的子層托表面，有許多蒼蠅被吸引靠近。

確定種類，那就得耐心且持久的觀察，否則可能短短4、5個小時不在現場，回頭再看只見倒地快腐敗的菇體。不過，也有可能得認真等上一週的時間，才能得知廬山真面目呢。

臭不臭有關係

鬼筆科臭名在外，殊不知這可是它們傳宗接代的祕密武器！若仔細觀察鬼筆科菇類和周遭環境的關係，常可發現就是因為有股臭味，所以吸引了不少昆蟲靠近吃食，其中又以蠅類最多，再加上鬼筆科子層托表面的產孢組織成熟後會液化呈黏液狀，如此一來，被吸引過來的昆蟲，不僅肚子裡吃進不少的孢子，就連身上也沾黏了孢子，一旦吃飽喝足飛離菇體，這些昆蟲便帶著這些孢子飛往遠方，順道幫鬼筆們傳播它們的下一代了。

◁白鬼筆這種大型鬼筆的外觀與長裙竹蓀相似，但本種不具菌裙。

中國珍貴食材——竹蓀

秋季漸涼時，來碗清香爽口的竹蓀雞湯，總令人精神為之一振。而這個著名的珍貴食材，也是菇菇宴的主角之一，它們有個正式的學名——長裙竹蓀，屬於鬼筆科的一員。高而白的筆狀菌柄

△去除惡臭子層托的市售竹蓀乾貨

上，有個墨綠色的鐘形子層托，而子層托下伸展出雪白網狀的拖地長形菌裙，隨風飄揚的模樣，十分華麗動人，怪不得贏得了「真菌之花」、「菇中皇后」、「紗罩女人」、「僧笠菌」等美稱。人們取用時，會將具有惡臭的子層托摘除，只留下菌柄和菌托的部位，加上多可於竹林內發現，所以人們從前常以訛傳訛說成是竹子的內膜，且因取得不易，一旦在野外發現則多用做獻給皇帝的貢品

△菌裙為黃色的黃裙竹蓀，有毒，不可採食。

，當時被認為是非常珍貴的食用菇類。如今因人工栽培成功，已經變成價位合宜的常見食用菇之一了。

另外提醒大家的是，野外有種外觀與竹蓀相似，但菌裙為鮮黃色的黃裙竹蓀，切記千萬不可採食，因為它可是一種有毒的菇類喔。

鬼筆的近親——籠頭菌科

鬼筆目中還有一個家族——籠頭菌科（Clathraceae）也和鬼筆科相同，未成熟時像鳥蛋似的，成熟後開裂伸出海綿質的菌柄，而且產孢組織成熟時也會液化產生黏性，發出惡臭。兩者的差異在於，鬼筆科的菌柄為筆狀，頂部常具有鐘形子層托，且產孢組織顯露在外；而籠頭菌科的菌柄則呈籠狀網格，或頂部分裂成瓣狀，且產孢組織隱於內側。

△籠頭菌科的三爪假鬼筆初生似蛋，之後會向上伸出3隻紅爪。

木耳

木耳目和銀耳目、花耳目菇類因菇體富含膠質，而被統稱為膠質菌類或果凍菌類。它們有個共同的本領就是，天乾物燥時，整個菇體便緊縮變小、變扁，然而只要濕度恢復，便又膨脹成一副水噹噹的模樣，能屈能伸的本領，著實令人佩服。而這些膠質菌中，又以木耳目木耳科菇類最為名副其實，有個小耳朵狀的外表，餐桌上常見的木耳，便是其中重要的典型成員喔。

小檔案

分類：木耳目木耳科Auriculariaceae
種類：5屬21種；台灣約有2屬8種
分布：世界泛布；台灣多分布於平地至低、中海拔森林

質地
韌骨質至膠質

顏色
菇體多紅褐色系

子實層
平滑略有皺褶，單面生

●主圖：木耳*Auricularia auricula* (Hook.) Underw.，菇體2~12cm寬。

△膠質菌類富含膠質，不過一旦脫水全株便乾縮變扁。

菌柄
無

不育面
常覆有絨毛

體型
小至中型

菌蓋
平伏至耳狀

▷ 外觀狀似木耳的毛木耳，上表面密布明顯的灰褐色長絨毛，因而得名。

當心隔牆有「耳」

大多數的膠質菌為木棲腐生菌，生命力相當旺盛，這點木耳科也不例外。此科成員喜歡潮濕的木質環境，所以只要濕度夠，從低、中海拔森林內的腐木，甚至活樹枯幹上，一直到室內漏水潮濕牆角堆放的木製品，都有可能找到一群黑褐色小耳朵狀的木耳，偷偷「聽」著你的祕密私語喔！

膠質菌「三劍客」

木耳目（Auriculariales）、銀耳目（Tremellales）、花耳目（Dacrymycetales）這三大類膠質菌的共同特色是：潮濕時呈膠質狀，菇體軟質有彈性。在外觀上三者則略有差異，木耳目菇類具有典型的耳狀外觀，這點與銀耳目多為瓣狀或腦狀，以及花耳目有平伏貼生、墊狀、腦狀或直立至珊瑚狀的多變形

態相比，顯得單純而別具特色。

　　不過光憑外表就想弄清楚這三大類膠質菌的差異，並非那麼容易，但是只要放到顯微鏡下，仔細觀察三者擔子的形態，便能分毫無差的指明身分了。

　　首先，木耳目、銀耳目、花耳目菇類的擔子形狀，與其他稱為「同擔子菌」的菇類（褶菌類、非褶菌類皆屬此類）相當不同，一般同擔子菌的擔子多不具隔膜、呈棍棒狀，然而這些質地如果凍般的膠質菌，它們的擔子則多具隔膜或是形狀特殊，因此被獨立分成「異擔子菌」一類。

　　更特別的是，這三大類膠質菌的擔子看起來就像劍客們身上佩帶的武器，各有不同。其中，木耳目的擔子形狀像把長劍，並有3個橫隔隔成4個細胞；銀耳目的擔子形狀則像個大棒鎚，並有縱隔分成4個細胞；而花耳目的擔子最為特別了，雖然不見隔膜，但形狀卻像個雙叉戟般。如此精采的武器大觀，稱它們為膠質菌三劍客一點也不為過。

△木耳目長劍狀的擔子

◁生命力十分旺盛的木耳，從室內到林地腐木、活樹枯幹上，只要濕度夠就有它的存在。

△銀耳目大棒鎚狀的擔子

◁似繡球花的黃金銀耳

△花耳目雙叉戟狀的擔子

◁花耳目的形態多變，此種圓墊狀的盤菌狀膠杯耳亦為其中一員。

益處多多的膠質菌

膠質菌多半可食，其中木耳科中富含膠質的木耳，俗稱「黑木耳」，不僅質脆好吃，更具有多種有益健康的療效，所以自古以來為許多養生食膳的主角之一。而中國古老藥籍《本草綱目》中更依其著生樹種將木耳分為桑耳、槐耳、檽耳、榆耳、柳耳5種，並記載具治痔，性平、味甘，補血氣，有滋潤、強壯、通便之效。現代醫學研究也證實，具高纖成分的木耳，可以刺激腸道蠕動，幫助排便，而且還能加速體內膽固醇的排除，避免冠狀動脈硬化及血栓疾病的發生，甚至還具抗癌之效。台灣常見的木耳食用菇有木耳和毛木耳兩種，而毛木耳的味道雖不及木耳，但因質地脆滑、爽口，適合涼拌，而有「木頭上的海蜇皮」之形容。

此外，與黑木耳相對的白木耳，則是銀耳科稱為銀耳的一種膠質菌，白色、膠質的菇體，雖然味道不怎麼特殊，不過因富含營養，傳統上更認為其有「補腎、潤肺

△屬於膠質菌銀耳科的銀耳，為著名的滋補食品之一。

、生津、止咳」之效，而成為著名的滋補食品，多可見於甜湯、補品中，民間還因其口感滑潤，常將其與珍貴食材「燕窩」相提並論呢。

△市售白木耳乾貨

巫婆的黑奶油——黑膠耳

雖說膠質菌能屈能伸，不過其中又以銀耳目膠耳科的黑膠耳最令人嘖嘖稱奇。

天乾物燥時，它們就像塊乾扁黑皮黏附在樹枝上，一點都不起眼，突然一陣狂風暴雨過後，就像被巫婆施了魔法般，全部的黑膠耳瞬間吸水膨脹成一個個黑褐色的果凍泡狀物，布滿了整個枝頭，摸起來軟軟黏黏的，所以英文俗稱它們為black witch's butter（巫婆的黑奶油）。

最後提醒大家的是，這種膠質菌雖然也富含膠質，不過卻是少數有毒的種類之一，切記不可採食。

△乾燥扁縮的黑膠耳

△膨脹成果凍狀的黑膠耳

柔膜菌

　　柔膜菌科可說是子囊菌類的龍頭老大，整個家族成員多達六百多種，盤狀或杯狀的小型菇體，是它們主要的造型，不過顏色上可就沒這麼單調了，粉紅、紅、紫、黃、綠、深褐、白或黑，應有盡有，放在一起就像調色盤上的顏料，多樣而美麗。台灣中、高海拔偶見的小孢綠盤菌，便帶有盤菌類少見的藍綠色澤，十分獨特。

小檔案

分布：世界泛布；台灣全島均有分布
種類：約101屬623種；台灣約有6屬25種
分類：盤菌目柔膜菌科Helotiaceae

體型
小至中型

顏色
鮮豔多樣，其中以黃色系居多

菇體
多盤狀

菌柄
多有短柄

外被
軟肉質，有些含有膠質，或覆少許毛

178

●主圖：小孢綠盤菌*Chlorociboria aeruginanscens* (Nyl.) Kanouse ex C. S. Ramamurthi, Korf & L. R. Batra，菇體0.2~0.5cm寬。

春夏現身的豔麗盤菌

柔膜菌的個頭多半不大，形如小杯或小盤狀，常具一短柄，外被覆有細毛或無毛。不過有些種類全株分化成頭部和柄部，且菌柄細長而明顯，外觀和傘菌相似；有些種類的菇體則富含膠質，摸起來就像木耳、銀耳般有彈性，只是個頭小了許多。

△複聚盤菌四周常可見薄層狀的炭角菌科成員

△潤滑錘舌菌外型十分特別，狀似縮小的香菇。

此科成員多為木棲腐生菌，而且常於春、夏季現身。溫暖的春天來臨時，常可於台灣各個海拔高度的森林內一些腐木、葉片或草本植物上，發現多個聚生成片的菇體，等到夏天時進入生長高峰，入冬之後發現的機會就逐漸減少了。

愛搭便車的盤菌

柔膜菌科中有種稱為複聚盤菌的真菌，它們個頭不大，大約1～3公分寬，不過外觀奇特引人，就連生長習性也十分有趣。在野外發現它們時，常見黑色的革質菇體如幾片乾枯的花瓣聚合在一起，若是切下一小塊，滴上KOH溶液，會看到紫黑色的色素溶解出來，這是辨認它們的一個妙方。

此外，如果在發現地點四周仔細找找，多半能同時看見炭角菌科的成員，真菌專家因而推論這種生長於腐木上的柔膜菌科成員，可能是利用炭角菌先將木頭分解，再於一旁伺機吸取其中的營養維生。

渾然天成的蕈染藝術

多數盤狀的子囊菌為橘紅或黃色系，藍綠色系的則相當少見，而小孢綠盤菌便是其一。這種分布於中、高海拔混合林內的小孢綠盤菌，有著獨特的藍綠色澤，外觀呈近似扇子或耳朵的不規則形狀，更特別的是，連其聚生的腐木也會呈現一片暗藍色澤，這是因其菌絲會分泌藍綠色素，把木頭染成藍色之故。在歐洲地區有人便將此種帶藍色的木頭製作家具，而藍綠色部分就成為美麗的裝飾。

△小孢綠盤菌的菌落明顯可見菌絲分泌的藍綠色素

核盤菌

天氣太冷時，某些動物會進入冬眠，休養生息，等春暖花開再出來活動。野菇世界中的核盤菌科成員也有這樣的現象，它們一旦遇到環境條件嚴苛，便靠著菌絲形成的菌核，進入休眠的狀況，等待氣候環境條件合適，再從菌核中長出子實體，繼續傳宗接代的重責大任，其中紅硬雙頭孢菌便是台灣夏天最常見的一種核盤菌。此外，核盤菌科多數種類都具有病原性，常造成寄主病害，是農民聞之色變的農作病害菌呢！

小檔案

分類：柔膜菌目核盤菌科Sclerotiniaceae

種類：約27屬124種；台灣約有5屬12種

分布：世界泛布；台灣全島均有分布

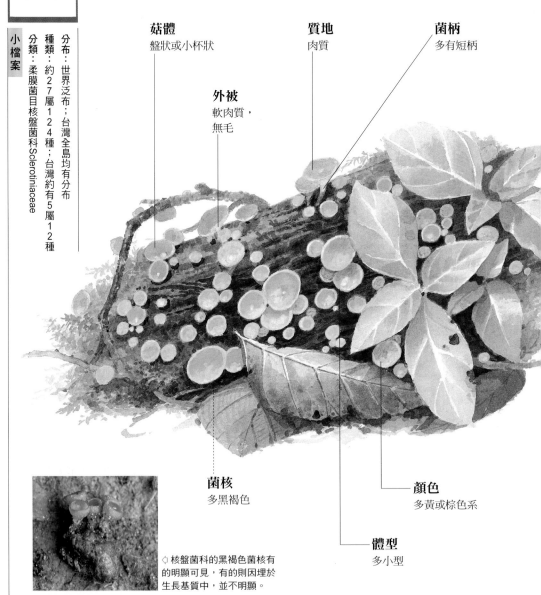

菇體
盤狀或小杯狀

質地
肉質

菌柄
多有短柄

外被
軟肉質，
無毛

菌核
多黑褐色

顏色
多黃或棕色系

體型
多小型

◁核盤菌科的黑褐色菌核有
的明顯可見，有的則因埋於
生長基質中，並不明顯。

●主圖：紅硬雙頭孢菌*Dicephalospora rufocornea* (Berk. & Br.) Spooner，菇體0.1~0.5cm寬。

光滑無毛的
有「核」盤菌

核盤菌科多自黑褐色菌核上長出盤狀有柄的菇體，因而得名。和其他盤菌相比，此科成員的外表多半光滑無毛，野外觀察時，因其個頭不大，若非仔細搜尋，常會忽略不見。不過也有一些種類顏色鮮豔，如紅硬雙頭孢菌，就相當引人注目。

令農夫頭痛的菌核病菌

核盤菌科散見於台灣各個海拔高度，一般多於春天開始冒出，到了夏天族群數量達到高峰，而天氣轉涼後，便逐漸消失進入休眠，只得等到來年天氣暖和再見了。

成員中多為植物寄生菌，具病原性，可寄生於植物各個部位，如樹幹、枝條、葉片、果實上，常造成寄主病害，一般稱此病害為菌核病。它們的寄主種類包括了數以百計的各種植物，如花卉、蔬菜及其他農作物，是台灣相當常見的農作病害菌。

濕涼多雨的季節常可發現此類病害災情，有些長在果實上，造成果實軟化、腐爛，並長出許多黑色菌核；有些長在苗木上，造成苗木枯死。

例如在台灣北部宜蘭、桃園一帶，造成青蔥大量枯萎死亡的小粒菌核病，便是寄生於青蔥上的一種核盤菌造成的。它們會在蔥葉上形成黑色菌核，青蔥因此枯萎，而這類核盤菌因較喜歡涼爽的氣候，所以高溫的夏季過

△生長於青蔥葉片上的小粒菌核病菌，常造成青蔥大量枯萎死亡，為台灣常見的農作病害。

後，天氣轉涼、連續下雨之際，就會自埋生於地面的菌核上長出子實體，成熟後放出孢子，再繼續感染植物。

此外，在桑樹上也有一種稱為桑實杯盤菌的核盤菌科成員寄生。此菌僅危害桑樹果實（即桑椹），不會侵害枝條和葉片，加上受感染的桑椹通常可見整顆從灰黑變黑且膨大，因此被稱為「桑椹腫果病」。

有趣的是，此菌通常都於濕冷的春天時節（此時正值桑樹開花），從休眠於地面的黑色菌核上長出子實體，再藉由風力將孢子散播到桑樹雌花的柱頭上，之後才於桑椹間萌芽生長、散播病害，所以如果當年春天氣候乾燥，桑樹也就不用擔心會受到感染了。

△自黑色菌核上冒出的桑實杯盤菌

◁桑椹腫果病

火絲菌

從名字即可看出，火絲菌科真菌和「火」脫不了關係。它們不僅外表多帶有火焰般的橘紅色系，其中更有一群成員，常可於火燒過後的土壤表面或木頭上發現，其屬名因此取為*Anthracobia*，原意即為「喜歡火」之意。至於為何選擇這樣的棲地，推測可能是，高溫會將一些大的分子分解成小分子，讓菇類更容易吸收營養，有利於它們的生長。

小檔案

分布：世界泛布；台灣全島均有分布

種類：約68屬462種；台灣約有8屬12種

分類：柔膜菌目火絲菌科Pyronemataceae

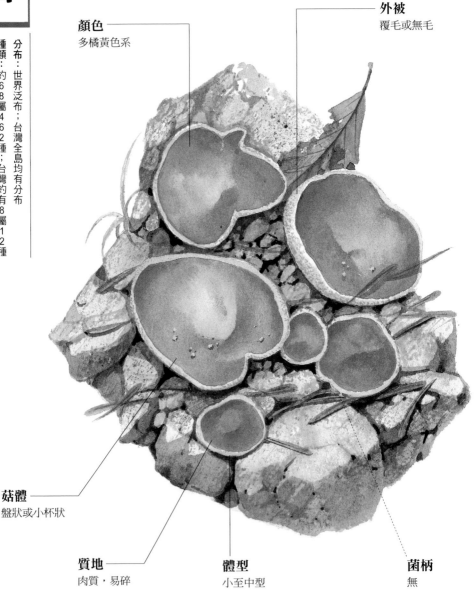

顏色
多橘黃色系

外被
覆毛或無毛

菇體
盤狀或小杯狀

質地
肉質，易碎

體型
小至中型

菌柄
無

182

●主圖：橙黃網孢盤菌（橘皮菌） *Aleuria aurantia* (Fr.) Fuckel，菇體0.5~5cm寬。

△生長於台灣高海拔混合林腐木上的須孢盤菌，有著火絲菌科常見的橘黃色外觀。

醒目勢眾的盤菌老大

火絲菌科為盤狀無柄的子囊菌類中最大的一科，質地多半柔軟易碎，最特別的是，因其子囊四周的側絲構造多含有胡蘿蔔素，所以全株顏色常呈現火焰般的橘黃色調，從橘黃、黃至棕色的種類都有。

此科成員散見於台灣各個海拔高度，當中只有少數種類以腐木為家，屬於木棲腐生菌，其餘則多為土棲腐生菌，常可於地面上發現大量冒出的菇體。此外，有些土生的火絲菌種類還能與植物的根部形成菌根，屬於土棲共生的外生菌根菌。

「睫毛」長長的盾盤菌

火絲菌科有群成員——盾盤菌屬（*Scutellinia*）真菌，佔火絲菌科之大宗，且此屬的體型雖然較小，不過在盤狀的菇體外緣，常可見一圈又硬又長的棕色長毛，乍看之下就像美麗的長睫毛，十分顯眼而特別。一般可於腐木或是泥地上發現此屬菇類。台灣目前發現的盾盤菌屬約有10種，主要是依據顯微鏡下觀察到的剛毛長短和子囊孢子表面花紋形式來決定其種類。

△此種盾盤菌盤緣上又硬又長的一圈剛毛，是它們的註冊商標。

△顯微鏡下可見火絲菌科的側絲多數含有胡蘿蔔素，所以此科成員常具有橘黃色系的外觀。

喜高溫菌類

各種菌類喜好生長的環境都不一樣，有群菌類因為經常出現在火燒過後的樹林內，或是經高溫滅菌後的堆肥上，所以被歸為「喜高溫菌類」，火絲菌科中的紅火盤菌便是其中一份子。所以有時在林間採集生物時，遇到路邊有燒焦的木塊或灰燼，不妨蹲下來仔細搜尋，也許有機會發現這類營生方式獨特的菌類呢。

△紅火盤菌為一種喜高溫菌類，常可於灰燼堆中發現。

肉杯菌

菇如其名，可知肉杯菌科的肉質菇體上多具短柄，整體造型呈小杯狀。而豔麗的紅色或橘紅色外表，加上體型較大，更讓肉杯菌科成了子囊菌類中最美麗且引人注目的一群。此科成員大都生長於熱帶或亞熱帶地區的闊葉樹腐木上，是熱帶地區的代表菇類之一。台灣中海拔可見的卷毛小口盤菌，便是肉杯菌科的代表之一，它們不僅模樣可愛，而且著生的木頭上還密生棕黑色的菌絲，看似被毛毯裹著，十分特別！

小檔案

分布：世界泛布；台灣全島均有分布
種類：約10屬36種；台灣約有4屬6種
分類：盤菌目肉杯菌科Sarcoscyphaceae

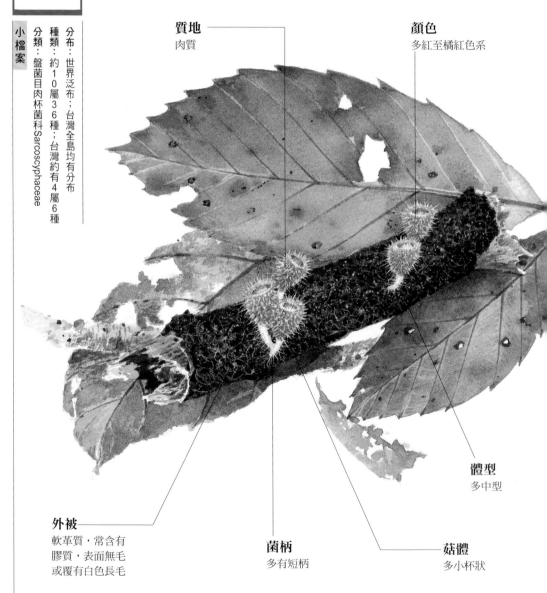

質地
肉質

顏色
多紅至橘紅色系

體型
多中型

外被
軟革質，常含有膠質，表面無毛或覆有白色長毛

菌柄
多有短柄

菇體
多小杯狀

●主圖：卷毛小口盤菌*Microstoma floccosa* (Schw.) Rativ.，菇體0.4~0.9cm寬。

郊山腐木上的可愛杯菇

肉杯菌科成員多具小杯狀或盤狀的肉質菇體，下有短柄，顏色從白色、粉色至鮮紅色都有，而且因多數種類帶有紅色素，所以多呈紅至橘紅色調，整體造型有如盛滿葡萄美酒的小高腳杯。此外，有些種類的菇體外被還長有細長白毛，如低海拔森林一些潮濕腐木上常見的中國毛杯菌、大孢毛杯菌，便可於杯緣處看到明顯的白色毛狀構造。

△大孢毛杯菌杯緣的長毛也很顯見

再者，肉杯菌科喜歡高溫潮濕的環境，在台灣，常可於低海拔闊葉林中發現，成員多為木棲腐生菌，喜歡成群生長於闊葉樹腐木上。

順道一提，由於肉杯菌科多於熱帶發現，所以在熱帶雨林之中，有些種類的雨蛙因體型嬌小，可藏身於肉杯菌的「杯子」裡，藉以躲避捕食者，因而形成熱帶雨林一種特有的景觀。

△中國毛杯菌外被覆有長毛，尤其長在杯緣的毛更是顯眼。

△這種名為肉杯菌的菇類屬於台灣特有種，它們和一般肉杯菌科成員不同的是，此種為溫帶種，分布的海拔高度較高。

熱帶菇類哥倆好——肉盤菌科

除了肉杯菌科之外，肉盤菌科（Sarcosomataceae）也是熱帶地區代表菇類，全世界約有10屬36種，台灣約有 3 屬 4 種。它們不僅外觀造型和肉杯菌科相似，也喜歡以闊葉樹腐木為家。

不過此科菇類因不含紅色素，所以常呈棕至黑色，加上菌肉富含膠質，全株摸起來肥厚有彈性，而一旦乾燥之後，也會像膠質菌般體積縮到很小。台灣低、中海拔闊葉林內腐枝上常見的爪哇肉盤菌，便是此科典型的代表。

△爪哇肉盤菌

馬鞍菌

造訪美麗的高海拔森林時，如果在林地上的綠色苔蘚間，發現一株株有著長柄的野菇，菌蓋部分狀似馬鞍或花菜，那麼有可能是遇到菇類高山族——馬鞍菌科成員了，如台灣梨山、武陵等地的混合林地上偶見的彈性馬鞍菌，便具有馬鞍菌科的典型外觀。而此科野菇在外觀上和美味好吃的羊肚菌容易混淆，所以英文稱其為The False Morel Family（假羊肚菌科），只不過有些成員可是碰不得的毒菇，得小心辨識。

小檔案

分布：世界泛布；台灣僅出現在高海拔森林

種類：約9屬68種；台灣約有3屬7種

分類：盤菌目馬鞍菌科Helvellaceae

體型
小至中型

頭部
似馬鞍狀或腦狀

顏色
多灰至
棕色系

質地
肉質

柄部
中生，中空，
白或灰色，常
有溝紋或直褶

●主圖：彈性馬鞍菌*Helvella elastica* Bull.: Fr.，菇體2~8cm高。

高山林地上的馬鞍狀菇

馬鞍菌科灰至棕色的菇體分化成頭部與柄部，多數成員的頭部還會反摺呈馬鞍狀，因而得名，不過有些種類的馬鞍菌頭部則類似盤狀，並無明顯反摺。此外它們多半有著粗壯卻中空的柄部，柄部表面還常可見溝紋或直褶，整體造型與一般子囊菌大異其趣，反倒和傘菌相仿，惟傘菌的擔孢子多長在菌蓋背面，而馬鞍菌的子囊孢子則是密布於頭部表面，成熟後直接彈射散播出去。

另外，此科成員多屬溫帶種類，為土棲腐生菌，所以在台灣想找到它們，就得到高海拔林地上找一找，常可於苔蘚間發現混生其中的馬鞍菌，其中尤以梨山、武陵一帶的林地最為常見。

以假亂真的鹿花菌

台灣高山中偶見的鹿花菌，屬於馬鞍菌科的一員，不過因全株密布皺褶，狀似世界知名美味食用菇──羊肚菌，加上生長環境也與羊肚菌相似，常被誤認，因此人

△鹿花菌具有劇毒，須避免誤採。

們俗稱其為「假羊肚菌」。其實和美味的羊肚菌相比，此種野菇含有劇毒「鹿花素」，此為一種溶血性毒素，一旦誤食會破壞體內紅血球，引起急性溶血性貧血，可得相當小心。

△菇體呈黑色馬鞍狀的黑馬鞍菌，散生於高山混合林地上。

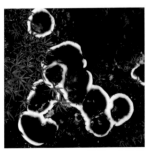
△波狀根盤菌雖屬馬鞍菌，菇體卻呈扁平狀，夏、秋時，常可於中、高海拔火燒過後的松林內，發現大片冒出的菇群。

馬鞍菌的近鄰──羊肚菌科

在台灣高海拔氮肥多的林地上，除了可以找到馬鞍菌科野菇外，還可找到另一種全株也分化為頭部和柄部的子囊菌──羊肚菌科（Morchellaceae）菇類。此科全世界約有 3 屬38種；台灣約有 1 屬 2 種，體型多中、大型，菇體灰至棕色。最引人注目的是，其頭部分隔及凹陷如羊肚狀，也因而得名。

所有的羊肚菌均為世界知名的食用菇，味道相當鮮美，為人津津樂道。惟柄為中空，易折斷、破損，採集時要很小心；另食用時切記不要生食或配酒共食，以免出現腸胃不適的症狀，且因長於地上，所以煮食前須仔細沖洗掉上面沾附的泥沙。

△羊肚菌為美味食用菇之一，在台灣多於3～5月散生在高山林地上。

炭角菌

炭角菌科打破了一般人對菇類「軟而易爛」的刻板印象，它們的菇體堅硬如木炭，不易腐壞，就算乾燥也不易變形，所以不論任何季節，都可於山林間與它們相遇，有人還因其到處可見，且數量很多，而戲稱為「垃圾菌」。此外，若剛好遇到成熟的菇體，觸摸時還會沾染上煤灰似的黑色孢子粉，因此又名「煤灰菌」。台灣低、中海拔可見的蕉座炭角菌，因常成串如芭蕉狀自木頭上冒出而得名。

小檔案

分類：炭角菌目炭角菌科Xylariaceae

種類：約48屬386種；台灣約有13屬108種

分布：世界泛布；台灣全島均可發現

顏色
多黑色系

菇體
多棒狀或半球狀

質地
碳質

外被
光滑，無毛

體型
多中型

柄部
短或無

188

●主圖：蕉座炭角菌*Xylaria allantoidea* (Berk.) Fr.，菇體2~6cm高。

腐木上的「煤炭」

在台灣，各個海拔高度都找得到炭角菌科成員的蹤跡。它們多為木棲腐生菌，常可於腐木上發現，其中只有少數種類為植物病害菌。

△炭角菌剖面照

此外，因其菇體堅硬不易腐爛，可以留存較長的時間，所以幾乎全年都可見到它們，發現者還常誤認其為棄置腐木上的「煤炭」呢。春、夏季為它們出菇的季節，若於此時切開菇體，可見內部呈白色，且邊緣處密生排列整齊的黑色子囊殼，而子囊和子囊孢子就埋生其間。若有機會採到此菇放置標本袋中，過一會兒打開紙袋，便可看到袋裡沾滿煤灰似的黑色粉末，那便是它們散放出來的子囊孢子哩。

炭角菌三兄弟

炭角菌科真菌質地為碳質，摸起來全都像木炭般硬邦邦的，不過外觀造型可就變化較多了，主要可分為三大類，其中除了棒狀的炭角菌屬（*Xylaria*）成員之外，還包括半球狀的炭殼菌屬（*Daldinia*）成員；以及薄層狀的炭團菌屬（*Hypoxylon*）和炭皮菌屬（*Biscogniauxia*）成員，而其中炭團菌屬的子囊殼較明顯易見。

△常群生呈薄層狀的截形炭團菌

△外觀似火柴棒的條紋炭角菌，常多個散生於樹幹上。

至於顏色上這三大類成員也稍有差異，其中炭角菌屬多黃棕至黑色，其他則多呈紅棕至黑色。

△半球狀的光輪層炭殼菌，內部有著木材年輪般的紋路。

紋路美麗的炭殼菌

紫褐色、半球狀的炭殼菌屬真菌，不僅外觀獨特，剖開其菇體可見內部具有如年輪般的同心環帶，相當美麗而迷人，更特別的是，那些被炭殼菌屬真菌侵入過的木頭，也會留下獨特的黑色紋路，因此在歐洲地區，還有人利用這樣的木材製作髮夾、胸針等小件飾品呢。

麥角菌

說到這種棒狀、肉質的麥角菌科生物，最讓人耳熟能詳的，莫過於中藥店裡的珍貴藥材——冬蟲夏草了。它們是蟲？是草？其實都不是，而是一種屬於蟲草屬的子囊菌類真菌。它們可是製造木乃伊的高手，只是對象換成昆蟲罷了，除了專挑鱗翅目昆蟲的蛹為寄生對象的蛹蟲草外，寄生於椿象身上的下垂蟲草，以及寄生於螞蟻身上的蟻蟲草，也都是台灣常見的麥角菌科成員。

小檔案

分類：肉座菌目麥角菌科Clavicipitaceae
分布：世界泛布；台灣全島均有分布
種類：約31屬157種；台灣有2屬15種

顏色
多鮮豔，從黃、橘到棕黑色系都有

質地
柔軟，不易折斷

菇體
多長棒形

寄主
多為昆蟲或草本植物

◁ 以昆蟲幼蟲為寄主的蟲草屬真菌

●主圖：蛹蟲草 *Cordyceps militaris* (L.) Link，菇體1.3~5cm高。

△冬蟲夏草這種似蟲像草的中藥材，其實是麥角菌科子囊菌寄生於昆蟲體內的產物。

體型
多中、小型

柄部
多有

昆蟲剋星
——蟲草屬子囊菌

麥角菌科和前面提及的核盤菌科都屬於寄生菌，它們靠著菌絲形成的菌核，度過環境嚴苛的冬季，等到來年春暖花開時，再各自選擇適合的寄主繁衍下一代，只不過核盤菌科真菌多挑植物為寄主，且從菌核中長出的菇體呈盤狀，而麥角菌科則多挑動物為寄主，且菇體呈長

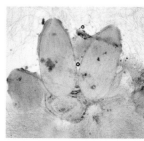

△蟲草屬子囊殼多呈瓶狀，其中散出的長條狀子囊數量相當驚人。

棒形。若有機會在顯微鏡下仔細觀察菇體表面，可見整齊排列著許多瓶狀的結構，稱之為子囊殼，而子囊和子囊孢子便埋生於其中。

所有麥角菌中，最為人所

△分布於較高海拔闊葉林內的下垂蟲草，為寄生於椿象身上的一種蟲草。

熟知的，便是以昆蟲為寄主的蟲草屬（*Cordyceps*）真菌。夏、秋時，此類真菌便開始入住昆蟲寄主，吸取其營養，所以不管是昆蟲的幼蟲或成蟲感染此菌後，就會慢慢僵化而死，外部雖仍完整保留蟲體原形，但內部已被菌絲體充滿。到了寒冬，環境轉為嚴苛時，蟲草屬真菌就靠著菌絲形成的菌核度冬，然而這隻外觀狀似休眠的「昆蟲」，等到來年春天天氣暖和時，並不會從冬眠中甦醒，只見寄生其中的蟲草

⟡成群自低、中海拔闊葉林地上冒出的頭狀蟲草，為寄生於腐土中一種稱為大團囊菌的蟲草。

屬真菌自蟲體長出細長似草狀的菇體，準備繁衍下一代，也因此生長習性一般人才泛稱其為「冬蟲夏草」。

這些屬於「蟲棲寄生菌」的蟲草屬成員，散布於台灣各個海拔高度的山區中，它們多於夏天可被發現，到了冬天就消失不見蹤跡。

潤肺補腎的冬蟲夏草

和人參、鹿茸並列三大補品的冬蟲夏草，正式中名為中華冬蟲夏草*Cordyceps sinensis*，它們亦為蟲草屬的一員，通常寄生在一種稱為蝙蝠蛾的鱗翅目昆蟲幼蟲上，被寄生的幼蟲外觀狀似乾枯的蠶寶寶，上面則可見一支伸出的長形菇體。

中國自古以來對此菇之功效極為推崇，古書中可見記載「蟲草味甘、性溫，具滋肺陰、補腎陽之效」，但由

⟡低海拔闊葉林地上冒出的蟻蟲草，為寄生於螞蟻身上的一種蟲草。

於僅生長在西藏高原、四川及青海一帶,非常珍貴少見,以前只有皇宮貴族得以享用,如今因大量挖掘,讓這種帶有傳奇色彩的珍貴藥材,也逐漸走向平民化了。

△草石蠶因呈長條形且具節環似蟲,所以常被誤認是冬蟲夏草。

台灣沒有此種蟲草的發現紀錄,所以中藥店多從大陸進口。目前市面上有人用「草石蠶」(一種唇形科草本植物的根)冒充冬蟲夏草,這種仿冒品看似某種蟲蛹,但未見伸出長形的菇體,且顏色較淡,和冬蟲夏草外觀相差太多,很容易分辨。

聖安東尼的憤怒

麥角菌科的麥角菌屬(*Claviceps*)真菌,它們不以蟲為寄主,而常見寄生於禾本科植物的子房,如代表種麥角菌便多寄生於裸麥的子房,並在上面形成堅硬的菌核,外觀看似麥子長角般,也因此成了本科名稱的由來。此外,這種真菌因菌核中含有植物鹼,牲畜吃了帶有菌核的麥草或製成的飼料後,會發生壞疽及痙攣,而中世紀歐洲地區,更曾因此菌造成大批孕婦流產及奪去數以萬計的生命,就連聖徒聖安東尼亦死於此病,所以當時人們相傳有惡魔作怪,稱這個不知名的傳染病為「聖安東尼的憤怒」。之後經過長期研究,才得知原來此病並非天災而是人禍,起因就

△寄生於麥子等禾本科植物子房上的麥角菌屬真菌,模樣看來像麥子長角般,因而得名。

是人們在篩選裸麥時,沒留意到有些裸麥已被麥角菌寄生,而誤食下肚,就這樣釀成了這場醫學史上的世紀大災害。

現今經科學家研究後發現,麥角菌產生的植物鹼可分為三類,即麥角胺(Ergotamine)、麥角毒鹼(Ergotoxine)及麥角新鹼(Ergometrine)。麥角胺及麥角毒鹼經加水分解後會生成麥角酸(Lysergric acid),即是迷幻藥LSD的前身;至於麥角新鹼在醫學上則被應用做為催產的藥物。

台灣因為沒有種植小麥和裸麥,所以並無此種麥角菌的紀錄,目前僅見光復前日本人澤田兼吉留下的3種麥角菌屬真菌的相關描述。

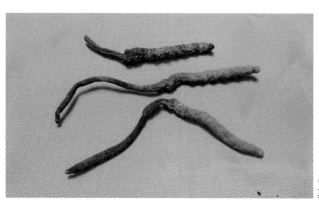

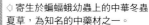

◁寄生於蝙蝠蛾幼蟲上的中華冬蟲夏草,為知名的中藥材之一。

193

如何實地觀察野菇

想要認識野菇的初學者，可以先從居家附近的公園、校園或近郊的森林步道，尤其是附近有老樹生長、較自然的環境，著手進行野菇的搜尋與觀察。行前準備好必要的裝備與工具，並熟悉觀察記錄、採集及標本製作的方法，將使實地的野菇觀察活動更加得心應手！

【裝備與工具】

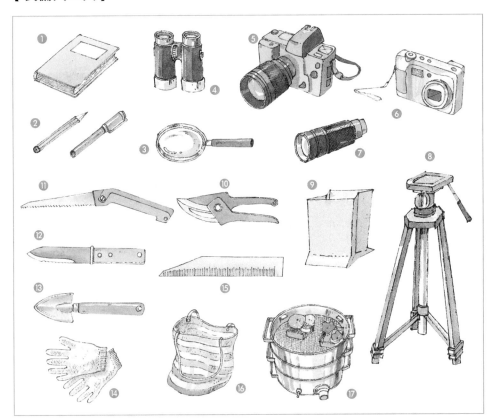

❶筆記本

❷筆

❸放大鏡：觀察子實層或其他細部特徵用。

❹望遠鏡：觀察高處的野菇用。

❺單眼相機

❻數位相機

❼顯微鏡頭：近距離攝影用。

❽三腳架：支撐相機用。

❾有底的紙袋：放置採集的野菇標本。

❿枝剪：採集枝幹上的野菇用。

⓫鋸子：採集的輔助工具。

⓬刀子：採集的輔助工具。

⓭鏟子：採集地面上的野菇用。

⓮手套：採集時保護雙手用。

⓯測量尺：量測子實體大小用。

⓰背袋或籃子：攜帶所有採集置放好的標本袋。

⓱簡易烘箱：視情況用來優先處理採集到的標本。

如何進行觀察記錄

　　從事野菇觀察，詳實的文字、繪圖及攝影紀錄，不僅對於鑑定的工作助益很大，同時也可以藉由紙本、圖像及照片資料的累積，增進自我搜尋、觀察野菇的相關經驗。所以不放棄每次相遇的機會，認真記錄與觀察，絕對是野菇入門的重要守則！

文字紀錄

　　文字紀錄的準則是：詳細、準確。紀錄的重點有棲息環境、發現時間與地點、野菇外觀的重要特徵，以及其他相關的有趣發現。另外，還可以繪圖方式補充文字紀錄的不足，讓許多不易以文字表達的特徵或重點，直接以圖像的方式表現。以下就每個紀錄重點做進一步的說明。

●**棲息環境**：包括生長基質的種類，如生長在哪種樹木上；周遭環境的狀況，如林地、草地、山坡；以及生長的樣態，如群生、單生等。棲息環境的相關紀錄越詳細越好，除了有助於物種的鑑定，也能讓觀察者更仔細了解野菇生長的環境，增添觀察的樂趣。

●**發現地點及時間**：地點可用描述、圖示或衛星定位儀（GPS）定位來表示。

●**外觀特徵**：可根據本書中提示之分科重點加以詳細記載，包括菇體形狀、顏色、大小；子實層的形態，如孔狀、褶狀、平滑狀、齒針狀等；以及菇體表面的其他特徵等。

影像紀錄

　　攝影是野外觀察菇類重要的紀錄方法，這是因為野菇的出現往往可遇不可求，且多數野菇採集後容易變形變色，所以利用攝影捕捉剎那間的永恆，方便還原發現現場及對象。

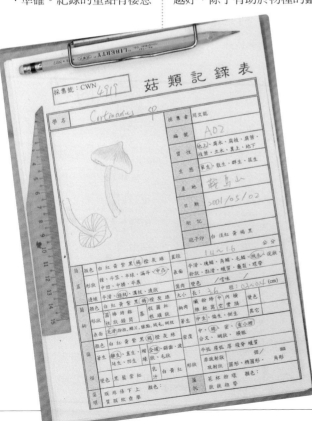

△以三角架輔助拍照效果較佳

不過由於野菇特徵多較細微，因此單眼相機及可近距離攝影的顯微鏡頭就成了必要的工具。再者，因為野菇多半生長於較陰暗的環境及多雨的季節，所以拍照所需的曝光時間都較長，因此輕微的震動就會讓畫面模糊難辨，解決之道當然就是利用三腳架固定相機，提高拍照的品質。此外，由於光線不足，常造成菇體顏色有所偏差，這時便可善用鋁箔紙來調和及補充光的亮度，至於閃光燈則應盡量避免使用，因其常會讓拍照對象顏色失真及立體感較差。

如何採集野菇

不論是初學者或是野菇專家，標本的採集是無可避免的。而野外發現的菇類其實只是它們的生殖構造，適量的採集並不會影響族群的數量，但有些特殊的稀有種類如牛樟芝、台灣松口蘑，則應避免過量採集，畢竟傳宗接代還都得靠菇體產生的孢子來完成。以下列出採集野菇的注意事項，提供初入門者參考之用。

△不直接手採，而以工具輔助採菇，較能保存菇體完整。

●先完成文字或影像的紀錄後，才進行採集工作。
●採集時最好盡量保持菇體完整，如長在木材上需附帶部分木材，長在土壤上需用鏟子深入土壤挖掘；而且最好採摘兩個以上的菇體標本，因進行顯微觀察時需破壞部分的標本。
●採到的標本需放入有底的紙袋，有底可以避免軟質菇體因擠壓而變形，而紙袋具通氣性，可以避免菇體因過高的溫、濕度而持續生長，卻因不自然的環境長出不正

△採集完成可於標本袋上寫下相關的紀錄

常的形狀或加速菇體腐敗。
●標本袋上須做編號及簡單的紀錄（如地點、時間、發現者及生長樣態等）。
●軟質菇體盡量放在背袋或籃子的上層，以避免破壞外型。
●有些較為軟嫩的菇體，則可放入塑膠瓶內，避免菇體因壓擠而受到破壞。

△標本袋記錄示範

如何保存野菇標本

採集回來的野菇，除進一步鑑定種類外，標本的製作更是日後比對及查證的重要依據。標本處理前，首先可以繪圖及拍照，並詳細記錄菇體的細部特徵，接著寫下標本編號以便日後查索。目前在野菇標本保存上，主要有烘乾保存和浸泡保存兩種方法，下面便針對這兩種方法做進一步的說明。

烘乾保存

採集後的野菇標本應盡速烘乾，尤其軟菇類最好在採摘當天即予以烘乾，如此才能保持標本品質，如無法當天烘乾也應盡可能放入冰箱冷藏。此外，若是沒有烘乾的設備，則可將標本自採集袋中取出，置於通風良好、濕度較低且乾燥的場所，尤其針對菇體較硬的標本，這種處理方法也可以有效製作及保存品質優良的標本。以下列出的是烘乾過程中的一些注意事項。

●**烘乾前**：褶菌類的標本在烘乾處理前，需先製作孢子印以觀察孢子顏色。另外有些野菇可能需要分離培養，而分離培養的工作也須在烘乾之前完成，因烘乾後的野菇大多已經沒有活性了。

●**開始烘乾**：一般野菇標本烘乾的溫度約40℃，小且軟的野菇則35℃即可，溫度太高有時反而會破壞它們的微細構造。烘乾的時間因菇種不同而有差異，軟菇類約數小時至1天，大且硬的多孔菌類則可能需3～5天。

●**烘乾後**：在將標本放入標本櫃前，應先放入封口塑膠

△烘乾箱。

袋，以零下30℃冷凍處理3天，藉此殺死其他微生物及杜絕害蟲。

浸泡保存

另一種標本保存的方式是將新鮮標本浸泡在保存液中。保存液一般有二種配方：

（1）福馬林用蒸餾水稀釋7～10倍；（2）90ml的5%酒精加入5ml福馬林和5ml的冰醋酸。

浸液標本的最大好處是能保存菇體的形狀，尤其是軟菇類經烘乾後，常會改變原來的外型。但此方法無法完全取代乾燥標本，因浸液標本不利往後微細構造的觀察，且會失去部分化學檢驗的特性。另外，浸液標本須佔用較多的貯放空間，但如為了展示用，卻是一個不錯的處理方式。

◇浸液標本

孢子印製作方法

採集回來的野菇除製成標本外，製作孢子印、觀察孢子印的顏色也是鑑定種類重要的依據。製作孢子印時，可以選取採集回來的其中一個菇體標本，將其菌柄剪下，將菌褶面蓋在紙上，經過數小時孢子就會掉落紙上，形成孢子印。製妥的孢子印也需陰乾，以便保存及避免孢子發芽。

◇製妥的孢子印

如何觀察微細特徵

野菇世界中，除少數熟悉的種類可在野外判斷外，真正的鑑定工作還是得回到實驗室，詳細比對外觀及微細特徵。野菇的實驗室觀察工作可分為兩大部分，第一部分主要是利用顯微鏡，放大野菇的微細構造，並詳細觀察記錄，第二部分則是利用滴入一些試劑，觀察野菇微細構造對試劑的反應，並清楚記錄。這兩項工作完成之後，野菇真正的身分多半就呼之欲出了。

【裝備與工具】

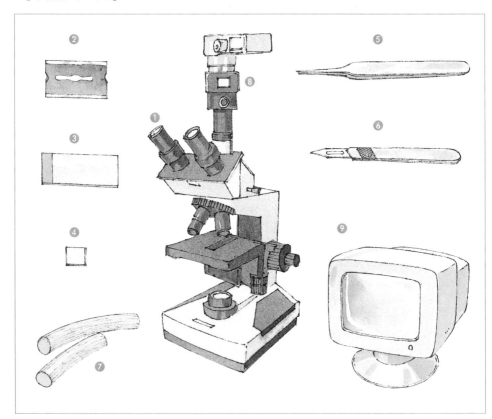

❶400～600倍的光學顯微鏡：觀察野菇微細特徵用。

❷雙面薄刀片：進行標本切片。

❸載玻片：放置標本薄片。

❹蓋玻片：固定標本薄片。

❺鑷子：輔助移動標本薄片。

❻解剖刀：輔助移動標本薄片。

❼通草：輔助固定標本。

❽顯微照相機：拍照記錄用。

❾電視螢幕監視器：供放大教學用。

微細特徵觀察須知

觀察微細特徵的首要之務是，搜尋菇種鑑定用的重要特徵，其中以孢子的大小、外型、顏色、表面結構和質地最為重要，其次便是子實層或孢子周邊的構造。所以如果採集到的野菇標本找不到任何孢子，就不能算是好標本。以下列出野菇微細特徵觀察時的注意須知，提供進行實驗室工作的參考。

●由於光學顯微鏡只能觀察光線可穿透的樣本，因此觀察的樣本必須切成薄片，一般使用雙面薄刀片進行標本的徒手切片，標本越薄越好，如此光線的穿透度才會越佳，一般在50μm以下的厚度才能進行觀察。

●乾硬的標本可以直接以雙面薄刀進行切片，然而濕軟的標本則必須利用通草固定，才易於切片。此外，也有人會直接取一小塊濕軟的標本於載玻片上，利用蓋玻片將標本壓薄來觀察。

●將標本切成薄片後，需放在載玻片上並滴上適當的試液才利於觀察，如不需要特別染色或試劑測試，一般可直接選用蒸餾水或氫氧化鉀（KOH）溶液。

△滴入試液

●放在顯微鏡下觀察前，必須蓋上蓋玻片，此時也可適量加壓，讓標本變得更薄。

●進行顯微鏡觀察時，可從較低倍數（如100倍）開始，搜尋觀察的目標，找到後便

△光學顯微鏡是觀察菇類微細特徵不可或缺的工具

可放大倍數進行仔細的觀察，並同時記錄微細構造的形態及大小。

●測量微細構造大小時，可於接目鏡內加裝測微尺，描繪微細特徵也可加裝顯微描繪器或利用電腦照相繪圖，或是直接拍下顯微照以留下紀錄。

△以測微尺測量微細特徵的尺寸

微細特徵觀察常用的試劑

●氫氧化鉀或稱 KOH（2~5% KOH）溶液：滴入此試液可使乾標本的微細特徵恢復類似新鮮時模樣，或依菇體變色情況判斷科別種類。

●乳酸酚棉藍溶液（Lactophenol cotton blue）：子囊菌鑑定時常用的試劑，配法為20cc的酚、20cc的乳酸、40cc的甘油和20cc的水混合，最後加入0.1%的棉藍（cotton blue），此試劑具染色的效果。

●梅蘭氏試劑：配法為0.5g的碘、1.5g的碘化鉀、22g氯化氫和20cc的水混合。此試劑可使澱粉質呈藍色，糊精質呈棕色。

199

如何避免誤食毒菇

從古至今關於毒菇中毒的案例不乏聽聞，民間也流傳著顏色鮮豔或讓銀器變黑的野菇，千萬碰不得的說法。其實到目前為止，還沒有一種既簡單又快速分辨毒菇的要訣，因此總讓人們對於野生的菇類避而遠之。不過值得慶幸的是，所有的毒菇紀錄中並未出現具觸摸性毒素的種類，而且毒菇也不像蛇類、蜜蜂等會藉由叮咬注入毒素，因此預防中毒最好的方式，就是避免食用食性不明的野生菇。

認識毒菇的種類

毒菇所帶的毒性，主要可分為「腸胃型」、「肝損害型」、「神經性」、「溶血性」四種，其中腸胃型的毒素主要侵襲消化道系統，誤食會出現噁心、劇烈嘔吐、腹痛、腹瀉等症狀。肝損害型的毒素主要侵襲肝臟組織、破壞肝細胞，影響肝臟正常功能，死亡率很高。神經性的毒素主要侵襲神經系統，若出現意識模糊、幻覺等症狀，甚至表現中毒性精神病的症狀，則又稱為「幻覺型」毒性。溶血性毒菇則主要指的是鹿花菌，其毒素可破壞紅血球，引起急性溶血性貧血。

採食野菇須知

●毒菇的毒素只要不吞入肚裡，觸摸或皮膚沾染是不會中毒的，但需注意有人對某些野菇的孢子會過敏，應避免嗅聞。

●不採食菌柄基部膨大、具菌環且孢子又是淡色的野菇，因為多數具有此種形態的野菇，為含有致死毒性的鵝膏或近似種。

●不採食菇體受傷後變藍的野菇，因為多數神經幻覺型毒菇具此特徵。

●不採食菇體呈腦狀或馬鞍形的野菇，因為多數

◇鵝膏科是毒菇的大本營，其菌褶離生、菌柄基部具菌托，為典型毒菇的代表。

有毒的子囊菌，如鹿花菌，具此特徵。

●造訪另一國家，不任意採食與自己國家食用菇外觀相似的野菇，以避免誤採毒菇而中毒。

●不生食任何野菇，且煮熟後應將湯汁棄置，以避免水溶性毒素的毒害。

●煮食不知名的野菇前，可取一小片置於舌尖試驗,如感覺麻麻的或有其他不適就應予以棄置。

●不將不同種的野菇混合煮食，以免多重中毒，增加救治的困難。

●不食用過熟或部分腐爛的野菇，避免其上孳生微生物，造成食物中毒。

●有些野菇與酒共食會出現中毒現象，所以品嘗野菇時，盡量不要同時飲用酒類飲料。

毒菇中毒處理須知

毒菇的毒素類型種類繁多，目前研究已知的不到其中的10％（如鵝膏素、裸蓋菇素、毒蠅鹼），也就是說，幾乎有90％的毒菇中毒案例，仍無法得知中毒的機制。再加上個人體質及食用方法、用量上的差異，因而對每種毒菇所含的毒素反應也並不相同，所以整體來說，目前醫學上對於毒菇中毒的處理，多半採取消極性做法。以下提供毒菇中毒的緊急處理須知，讓讀者在面對此類意外時，可以將傷害減至最小。

●盡快帶著吃剩的菇體將病患送醫，如失水過多，可補充電解質。

●確定食用野菇與發病之間的時間間隔。

●中毒不久（2小時以內），可以對神智清醒的病患進行催吐或服用活性碳。

●若中毒過久，且症狀嚴重（如肝、腎功能受損），最好會同真菌專家進行野菇毒素的確定，並視症狀給予適當的藥物治療。

●最後仍可將殘留的菇體（甚至嘔吐物中的孢子）送達真菌專家鑑定檢視，建立毒菇中毒的有用檔案資料。

●有關當局對於毒菇中毒的案例，可於發現地區進行積極的宣導教育措施，並主動對劇毒性毒菇種類進行系統性的分布調查，以避免悲劇重演。

不可不知的致死性毒菇

大孢黏滑菇（神經性）
土味絲蓋傘（腸胃型）
鱗柄白毒鵝膏（肝損害型）
毒紅菇（腸胃型）
錐形濕傘（腸胃型）
櫟生鵝膏（肝損害型）
簇生沿絲傘（腸胃型）
球莖鵝膏（肝損害型）
鹿花菌（溶血性）

推薦賞菇地點

台灣本島的野菇種類都是依海拔高度呈現變化，在中、高海拔地區，全島各地的種類差異不大，但在低海拔地區，北部與南部的種類就有很大差異，南部地區熱帶的種類較多，北部則較少。此外，台灣離島部分，由於金門在民國40～50年代廣植林木，且當時大多種植生長快速且易存活的樹種，如木麻黃、相思樹、楓香、松樹等，如今都已是成熟林木，林間生長豐富的野菇，所以成為賞菇的最佳去處之一，相對的，其他離島如馬祖、澎湖的野菇種類就少多了。

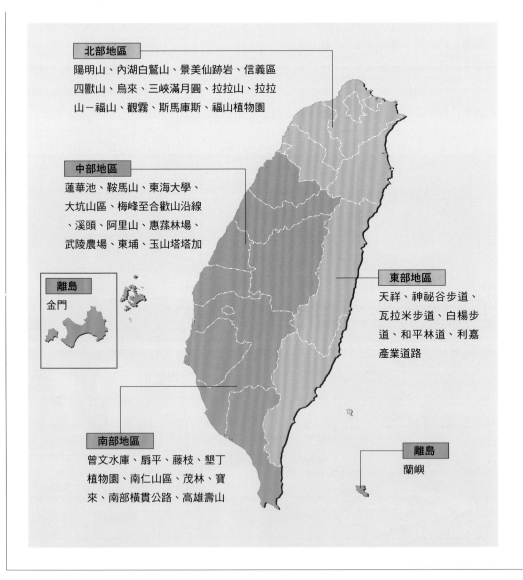

北部地區
陽明山、內湖白鷺山、景美仙跡岩、信義區四獸山、烏來、三峽滿月圓、拉拉山、拉拉山－福山、觀霧、斯馬庫斯、福山植物園

中部地區
蓮華池、鞍馬山、東海大學、大坑山區、梅峰至合歡山沿線、溪頭、阿里山、惠蓀林場、武陵農場、東埔、玉山塔塔加

離島
金門

東部地區
天祥、神祕谷步道、瓦拉米步道、白楊步道、和平林道、利嘉產業道路

南部地區
曾文水庫、扇平、藤枝、墾丁植物園、南仁山區、茂林、寶來、南部橫貫公路、高雄壽山

離島
蘭嶼

菇類記錄表　　　採集號：

中名及學名	

	採集者	
	編號	
	習性	地上・腐木・腐枝・腐葉 枝葉・立木・糞上・地下
	生態	單生・散生・群生・簇生
	產地	
	日期	
	附記	
	孢子印	白・淡紅・黃・褐・黑

菌蓋		菌柄		菌褶（孔）	
顏色	白・紅・黃・紫・黑 褐・橙・灰・綠	顏色	白・紅・黃・紫・黑 褐・橙・灰・綠	顏色	白・紅・黃・紫・黑 褐・橙・灰・綠
形狀	鐘・扇・半球・半圓 漏斗・中凸・中凹 中臍・平展・吊鐘	形狀	圓柱・棒狀 紡錘・粗筒	著生	離生・直生 延生・凹生
		基部	假根・圓頭・杵狀	褶緣	全緣・鋸齒・斑紋 波浪狀・毛狀
邊緣	平滑・條紋・殘膜 溝紋・波浪・角裂殘膜	表面	平滑・粉粒・角鱗 腺點・毛鱗・網紋	變色	黑・藍・紫・紅
直徑	公分	大小	長：　　cm 徑：　　cm	乳汁	白・黃・紅
表面	光滑・塊鱗・角鱗 毛鱗・絨毛・疣狀 粉狀・黏滑・蠟質 龜裂・環紋・纖維絲條	柄肉	纖維・粉粒・蜂窩 中空・內實・橫隔	密度	中・稀・密・小褶 分叉・橫脈
菌肉	變色 嘗味	著生	中生・偏生・側生	形狀	平弧・廣弧・厚 稜脊・蠟質 非放射狀・放射狀
		變色	其他		＿＿個／＿＿ mm 圓形・橢圓形 ＿＿角形
菌環	膜質・絲膜・下垂・上舉　　　顏色：				
菌托	花苞・環鱗・粉末・角鱗・球莖　　　顏色：				

●野外賞菇時，可放大影印數張，供觀察記錄之用。

203

【名詞索引】

【延伸閱讀書目】

◉ 吳聲華、周文能、王也珍　2002　《臺灣高等真菌》　國立自然科學博物館
◉ 周文能、王也珍　1997　《有趣的真菌》　國立自然科學博物館
◉ 張東柱、周文能、王也珍、朱宇敏　2001　《大自然魔法師——臺灣大型真菌》　行政院農業委員會
◉ 湯瑪斯、萊梭　1998　《蕈類圖鑑》　貓頭鷹出版社
◉ 裘維藩　2001　《菌類世界漫游》　牛頓出版社
◉ 日本林業技術協會編　2001　《蕈類的100個祕密》　稻田出版社
◉ 張樹庭、卯曉嵐　1995　《香港蕈菌》　中文大學出版社
◉ 應建浙、卯曉嵐、馬啟明、宗毓臣、文華安　1987　《中國藥用真菌圖鑑》　科學出版社
◉ 卯曉嵐主編　2000　《中國大型真菌》　河南科學技術出版社
◉ 今關六也、大谷吉雄、本鄉次雄　1988　《山溪カラ—名鑑——日本のきのこ》　山と溪谷社
◉ 今關六也、本鄉次雄　1987, 1989　《原色日本菌類圖鑑（1）、（2）》　保育社
◉ 今關六也、本鄉次雄、小川真　1987　《見る・採る・食べる　きのこカラ—圖鑑》　講談社
◉ 本鄉次雄、上田俊穗、伊沢正名　1994　《山溪フィールドブックス 10　きのこ》　山と溪谷社
◉ Arora, D.　1986　*Mushrooms Demystified*　Ten Speed Press
◉ Bessette A. E. & A. R. Bessette & D. W. Fischer　1997　*Mushrooms of Northeastern North America*　Syracuse University
◉ Breitenbach, J. & Kranzlin, F.　1986～2005　*Fungi of Switzerland*. vol. 1~6　Mykologia Luzern
◉ Lincoff, G. H.　1989　*The Audubon Society Field Guide to North American Mushroom*　Alfred A. Knopf, New York
◉ Moser, M　1978　*Key to Agarics and Boleti*　Pub. Roger Phillips
◉ Pacioni, G.　1985　*The Macdonald Encyclopedia of Mushrooms and Toadstools*　Macdonald & Co Ltd

◉ 除以上所列書籍外，現代網路資訊發達，使用一般的搜尋引擎，以「菇」、「蕈」、「真菌」、「mushroom」、「fungi」、「きのこ」等字搜尋，也都可以找到十數筆甚至上百筆相關資料。

【資料圖片來源】（數字為頁碼）

◉ 封面／陳春惠設計，黃崑謀繪
◉ 全書照片（除特別註記外）／周文能、張東柱、王也珍共同提供
◉ 139右下照／許原瑞提供
◉ 156右中照／文華安提供
◉ 157右上照／文華安提供
◉ 161左下照／王宗慈提供
◉ 173右上照／邱文慧提供

◉ 全書手繪圖（除特別註記外）／黃崑謀繪
◉ 34、57、63、108、109、111、148、152電腦繪圖／陳春惠繪
◉ 扉頁線圖／周文能繪

【備註】本書關於子囊菌類及接合菌類的相關資料，是由國立自然科學博物館王也珍博士提供，在此特別致謝。

國家圖書館出版品預行編目 (CIP) 資料

野菇觀察入門 / 張東柱 , 周文能著 ; 黃崑謀繪 . --
　初版 . -- 臺北市 : 遠流 , 2019.02
　208 面 ; 23×16.2 公分 . -- (觀察家)
　ISBN 978-957-32-8414-7(平裝)

　1. 菇菌類

379.1　　　　　　　　　　　　　　107020902

野菇觀察入門

作者／張東柱、周文能

繪者／黃崑謀

編輯製作／台灣館

總編輯／黃靜宜

初版執行編輯／洪閔慧

新版執行編輯／蔡昀臻

美術設計／陳春惠

行銷企劃／叢昌瑜

發行人／王榮文

發行單位／遠流出版社事業股份有限公司

地址／台北市 100 南昌路二段 81 號 6 樓

電話／（02）23926899　傳真／（02）23926658　劃撥帳號／ 0189456-1

著作權顧問／蕭雄淋律師

輸出印刷／中原造像股份有限公司

□ 2019 年 2 月 1 日 新版一刷

定價 500 元（缺頁或破損的書，請寄回更換）

YLib.com 遠流博識網　http://www.ylib.com　Email: ylib@ylib.com

【本書為《野菇入門》之修訂新版，原版於 2005 年出版】

《觀察家》

了解台灣文化的最佳起點。

台灣自然資源和人文特色既豐富多樣,且獨具一格。

深入這座「寶山」,如果沒有掌握適當的訣竅,難免要空手而返。

《觀察家》試圖為各種知識找出「入門」的方法,

包含簡明易懂的檢索、生動有趣的圖解、詳盡完整的說明,

加上現場觀察的祕訣,以及推薦實地探訪的最佳路線……

深入淺出的,開門見山,登堂入室。

只要隨身攜帶《觀察家》,人人都能成為「身懷絕技」的觀察家。

精闢剖析、圖解本土地質的
台灣岩石小百科

《岩石入門》

陳文山◆著

- 認識台灣常見12種岩
  石、6種礦物、6種化
  石,以及各種岩層
- 圖解揭露島嶼身世之謎

最受歡迎的古蹟入門經典

《古蹟入門》增訂版

李乾朗、俞怡萍◆著

- 全覽25類台灣經典古建築
- 暢銷20週年最新增訂版
- 新增「產業設施」、「
  日式住宅」、「橋樑」
  等主題內容

最完備的台灣昆蟲生態觀察指南

《昆蟲入門》

張永仁◆著

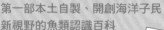

- 輕鬆認識台灣常見41類
  昆蟲
- 數百幀珍貴昆蟲生態圖
  片、標本照、場景圖繪
  與細部解說線圖
- 附錄採集、飼養、做標本、觀察記錄步驟

第一部本土自製、開創海洋子民
新視野的魚類認識百科

《魚類觀察入門》

邵廣昭、陳麗淑◆著

- 全方位透視魚類世界
- 傳授56科魚類辨識要訣
- 探討演化祕密與有趣
  生態
- 附錄觀察行動指南

野菇外觀特徵常見用語圖解

◆部位名稱

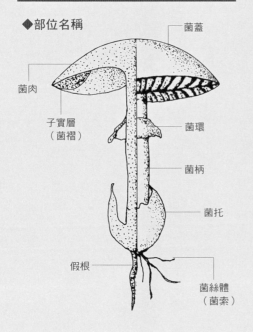

菌肉
子實層（菌褶）
假根
菌蓋
菌環
菌柄
菌托
菌絲體（菌索）

◆菌蓋表面

光滑　環紋　皺紋

角鱗（翹鱗）　纖維絲條　毛鱗

塊鱗　粉末狀　絨毛（纖毛）

龜裂紋　顆粒結晶（小疣）

◆菌蓋形狀

平展　半球形　中凹形　漏斗形（杯形）

中臍形　中凸形　鐘形（圓錐形）　腎形（匙形）

扇形（貝殼形）　半圓形　吊鐘形　重瓣形

舌形　扁球形　馬蹄形　珊瑚形

◆蓋緣

條紋

溝紋

殘膜

角裂殘膜

波浪狀

◆菌褶排列方式

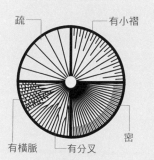

疏　　有小褶

有橫脈　　有分叉　　密

◆褶緣

全緣　　鋸齒狀

斑紋狀　　波浪狀

◆菌褶著生方式

離生

直生

彎生（凹生）

延生

◆非褶狀的子實層形態

孔狀　　　　齒針狀

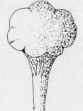 

褶稜狀　　　平滑狀

◆菌環形狀

膜質下垂　　膜質上舉

膜質可移　　絲膜狀

◆菌柄表面

平滑　　腺點　　網紋　　角鱗（翹鱗）

縱紋　　纖維絲條　　粉末狀　　毛鱗

◆菌柄著生方式

中生　　偏生　　側生　　無柄

◆菌托形狀

球莖狀　　環形鱗片狀　　花苞狀　　粉末狀　　角鱗狀（翹鱗狀）

◆菌柄形狀

 圓柱形　　紡錘形　　筒形

假根形　　中實　　中空